优质枇杷栽培新技术

张元二 编著

·北京·

(京)新登字 130 号

内 容 提 要

枇杷是我国南方新兴水果之一，近年来枇杷种植业发展很快，逐步成为农民致富的重要产业。全书共分九章，详细介绍了枇杷的栽培历史与现状；生长发育特性及适应性，生物学特性与植物形态特征；优良品种；优质苗木繁育；科学建园；病虫害防治；果实采收、贮藏、加工等。本书根据作者多年的生产实践经验，针对当前枇杷栽培中出现的一些不容忽视且需亟待解决的问题，概述了有关优质高效栽培管理新技术，使枇杷生产向早结果、质优、高产稳产、低成本、高效益方向发展。

本书文字通俗易懂，实用性强，便于操作，可供枇杷适栽区果农、生产科研技术人员和农业大专院校师生参考。

科学技术文献出版社是国家科学技术部系统惟一一家中央级综合性科技出版机构，我们所有的努力都是为了使您增长知识和才干。

前　言

中国是世界上枇杷生产第一大国,枇杷栽培历史悠久,品种资源十分丰富。我国劳动人民在长期的生产实践和科学实验过程中,积累了丰富的经验。目前,枇杷生产正在成为广大农村振兴经济、脱贫致富的重要短、平、快项目,受到各地政府的重视,农民种植枇杷的积极性不断高涨。近年来,有的省将枇杷列入重点发展的果树种类,在我国南方枇杷可作为果树品种结构调整的首选果树。

《优质枇杷栽培新技术》一书是笔者长期在生产一线指导生产过程中,耳闻目睹广大果农种植枇杷苦于缺少理论支持,渴望得到枇杷高产优质栽培新技术指导的现状,于是撰写了本书。全书着重阐述当前枇杷生产中出现树体偏旺、花多实少、树高冠大、适龄少果、品质不优等情况,从枇杷的生物学特性、生理生化和生态环境等方面揭示其生长发育规律和导致低产的原因。同时,提出了控旺长,保花果,促优质,创高效为核心的生产模式及配套关键性新技术。

本书在编写过程中得到华中农业大学果树专家吴强盛博士的在审稿、定稿等方面给予的关心和支持。在书中引用了章恢志、金光、何明忠、江国良、林莉萍、胡正月、赖钟雄、陈义挺、胡平正、杨邦伦等果树或枇杷研究专家的科研成果和宝贵经验,在此一并表示衷心感谢。由于编者水平有限,书中有不少缺点和错误之处,敬请广大读者批评指正。

编　者

二〇〇八年八月于昆明

目 录

第一章　概述 …………………………………………… 1
　一、枇杷栽培意义与概况 ………………………………… 1
　二、枇杷栽培历史与现状 ………………………………… 3
　三、枇杷生产中存在问题 ………………………………… 4
　四、枇杷开发前景的展望 ………………………………… 6
　五、枇杷的物候期与树体 ………………………………… 7
　六、枇杷树对环境的要求 ………………………………… 8

第二章　枇杷的生物学特性 …………………………… 14
　一、植物学形态特征 ……………………………………… 14
　二、枇杷生长发育特性 …………………………………… 22

第三章　枇杷的品种 …………………………………… 29
　一、枇杷品种介绍 ………………………………………… 29
　二、枇杷主要品种 ………………………………………… 30
　三、枇杷品种分类 ………………………………………… 33
　四、国内主栽枇杷良种 …………………………………… 36
　　(一)大果优良枇杷品种 ………………………………… 36
　　(二)普通枇杷优良品种 ………………………………… 53
　　(三)从日本引进的优良品种 …………………………… 61

第四章 优质枇杷苗木繁育 …… 66
一、嫁接苗的培育 …… 66
　（一）砧木选择与培育 …… 66
　（二）接穗采集与贮运 …… 70
　（三）枇杷嫁接时间 …… 71
　（四）枇杷嫁接方法 …… 71
　（五）嫁接苗的管理 …… 81
二、枇杷容器苗的培育 …… 83
三、枇杷苗木出圃 …… 86

第五章 科学建枇杷园 …… 88
一、园地选择与规划 …… 88
二、生态果园的建设 …… 89
三、苗木定植要点 …… 92

第六章 枇杷栽培技术 …… 96
一、土壤管理 …… 96
二、施肥管理 …… 100
三、水的管理 …… 112

第七章 枇杷的优质高效管理 …… 116
一、整形修剪 …… 116
二、高接换种 …… 128
三、促花芽分化 …… 131
四、保花保果措施 …… 135
五、疏除废弃花果 …… 137
六、果实套袋生产 …… 141
七、无核枇杷生产 …… 143

八、枇杷灾害防治 …………………………………… 147

第八章　枇杷主要病虫害防治 …………………… 151
一、非侵染性病害与防治 …………………………… 151
二、侵染性病害与防治 ……………………………… 155
三、主要虫害与防治 ………………………………… 167

第九章　果实采收、贮藏、加工 …………………… 182
一、采收 ……………………………………………… 182
二、贮藏 ……………………………………………… 188
三、加工 ……………………………………………… 198

附录　枇杷周年栽培管理月历要点 ………………… 211

参考文献 ……………………………………………… 222

第一章 概 述

枇杷甜自苦寒来。

花傲霜雪开放,果斗严寒生长。在从开花到成熟的 6 个多月中,曾历经了鲜花在 $-6℃$ 以下,幼果在 $-3℃$ 以下,胚珠在 $-2℃$ 温度下的低温环境,通过这些临界温度线所获得的枇杷果实是甜的。

枇杷(Eriobotrya japonica)蔷薇科,常绿乔木,叶互生,长椭圆形,有锯齿,冬初开小白花,五瓣,常数花集生,果实为正圆形,淡黄色,外面有绒毛,含种 2~3 粒,味甘酸多浆,可食用。枇杷是原产于亚热带地区的常绿果树,其特性为秋萌冬花,春实夏熟,在百果中是独具先天四时之气的珍稀佳果。枇杷果实在江南 4~6 月成熟,早熟品种在 2~3 月成熟,是一年中上市最早的水果。采收的果实在入夏之初可以南北调运。由于果肉细嫩多汁,酸甜适口,被誉为水果极品。

一、枇杷栽培意义与概况

枇杷在我国的栽培历史已有 2 000 多年,品种资源十分丰富。但由于种种原因,长期以来只是零星种植,人们对枇杷的了解甚少。枇杷果实色泽艳丽,风味独特,富含人体所需的多种营养成分。据测定,每 100 克枇杷果肉中含有蛋白质 0.4 克,脂肪 0.1

克，碳水化合物7克，粗纤维0.8克，灰分0.5克，钙22毫克，磷32毫克，类胡萝卜素1.33毫克，维生素C 3毫克。尤其是红肉枇杷的类胡萝卜素和白肉枇杷的谷氨酸含量高，为多种水果所不及，故称枇杷是防病健身之良药。祖国医学认为枇杷味甘性寒。甘能滋补养血，寒可清热生津，有滋养润燥之功效，适用于低血糖症、心脏衰弱、津液不足、咽喉肿痛、大便干结、虚热咳嗽等病症。民间常用枇杷叶熬水服用，对治疗咳嗽有很好的效果。常吃枇杷鲜果还具有止咳、润肺、利尿、健胃、清热，对肝脏疾病也有一定的疗效。枇杷果实除鲜食外，还可加工成罐头等多种产品。

现在仅中国和日本为国际水果市场提供枇杷果实。中国是世界上枇杷生产第一大国，种植面积为5万公顷，年产量达20多万吨，占世界枇杷栽培面积和鲜果产量的80%以上。目前，枇杷果实在国内人平均不到0.067克，在水果中排行不到前10位。当前枇杷年总产量只相当于世界杏总产量的1/23，桃总产量的1/109，梨总产量的1/151，苹果总产量的1/592，比其他水果产量均少，故通常称枇杷为"小水果"。因此，枇杷生产特别是大果枇杷生产，不仅在国内水果市场中占有较大的销售空间，在国际市场的前景也非常广阔。据专家预测，优质枇杷单果平均重在50克以上的所占比例少之又少，优质大果枇杷在国内外水果市场上更具优势。

别小瞧枇杷这个"小水果"，面对中国枇杷产业的发展，组织有关方面尽快研究制订推动枇杷产业加快发展的计划，促进枇杷科研、生产、加工等各个环节采取扶植政策，鼓励适宜枇杷种植和加工的地区发展枇杷产业，不断提高脱毒枇杷种苗繁殖技术、主要病虫害防治技术和因地制宜的栽培新技术，联合建立枇杷产业技术信息服务中心，共享信息资源、市场信息和客户资源，共同防范经营风险、加强枇杷产业各个环节的联合，逐步形成行业规范，共同开拓国内外市场。

二、枇杷栽培历史与现状

枇杷起源于我国西南地区,早在唐朝时期就传到世界各地,以后陆续传到了法国、印度、以色列、阿根廷、阿尔及利亚、智利、美国、墨西哥、西班牙、日本、澳大利亚等国家。现在四川、重庆、湖南、湖北、安徽、江苏、浙江、福建、江西、广东、广西、台湾、海南、云南、贵州等省区市均有枇杷栽培。近年来有的省已将枇杷列为重点发展的果树种类,将其作为结合南方果树品种结构调整的首选果树。重庆市正邦现代农业(集团)有限公司,正计划建立一个全国最大的枇杷生产、加工基地,打造国际优良枇杷品牌。

随着国内枇杷种植面积和鲜果产量增加,但人们对农产品的品质要求越来越高,枇杷要想在竞争激烈的水果大市场中占有一定的份额,就必须生产出优质无公害果品。因此,枇杷在生产栽培技术及环境上,要有所改进和提高,不断生产优质绿色有机果实出口和销往国内各大中城市的水果市场,迎合人们对果实多样化的消费需求。近年来,随着市场需求的不断增加,枇杷生产发展很快。福建省云霄县2001年被国家林业局命名为"中国枇杷之乡",2002年漳江实业有限公司的枇杷获得"绿色食品标准认证"。主要是因为采用了无公害生态栽培模式,建立良种高效示范基地,开展枇杷集约高效产业配套技术体系研究与推广。据福建省中心检验所检验报告:早钟6号枇杷单果重55克,可溶性固形物占14%,总含酸量0.4克/100 ml果汁,固酸比为35∶1,可食率为72%,重金属含量等均符合Q/YJZSOI—2002标准中一级指标要求。他们多年的经验总结如下:(1)选择无污染的环境建园,选择远离矿区、工业区、生活区,背风向阳、土壤疏松、水热资源丰富,交通便利。经农业环境监测站测定,基地大气、水质、空气等质量优良,是理想的生态果园基地。(2)采用先进实用的农业科学技术:

①完善水土保持技术;②推广保水耕作技术;③实行喷灌、滴灌、节水灌溉。(3)加强技术管理:①综合防治病虫害;②疏花疏果套袋;③整形修剪;④提高果品质量;⑤采取山顶"戴帽",建立防护林带;⑥采用生态果园模式;⑦改良土壤,人工锄草,不用除草剂,防止土壤板结,深耕熟化土壤,配方施肥,套种绿肥。(4)适时采收果实,根据贮运交通条件改善,加速了枇杷果实流通,枇杷果实长途运销量的比例逐年加大。

三、枇杷生产中存在问题

近年来,枇杷种植虽已在南方各地得到了快速发展,栽培面积和总产已跃居世界之首,有些研究技术达到较高水平。但由于在生产上缺少宏观和科学的指导。因此,存在一些不容忽视的问题。

1. 品种单一市场供应期短

枇杷在我国已经有不少能生产高档果实的优良新品种。但因现在还没有一个完善和严格的种苗标准基地。为此,果农选用种苗的时候比较盲目,导致栽植品种单一,使果实成熟高度集中上市,市场鲜果供应期只有20天左右,货架寿命仅为6～8天,容易造成过剩和滞销,导致果实价格低廉。加上对枇杷认识度较低,产业各个环节之间缺乏有机衔接,相关单位缺乏合作,甚至互相排斥,市场处于无序竞争状态。一些地方为了促销,盲目为抢占市场提前采收,使果实特有的外观颜色和风味不能充分表现,出现品质差。自己砸自己的品牌,阻塞销路,出口市场也时有退货发生,给生产者带来了经济损失。

2. 产量不高不稳现象普遍

枇杷具有能自行调节梢果矛盾和花芽形成容易的特性,故称枇杷是丰产果树。果苗定植后第一年长苗,第二年壮干,第三年试果,第四年单株鲜果产量可达14.4千克,管理水平高的果园单产可以逐年提高。在各地典型示范基地的枇杷生产过程中,不少产区出现树势旺长,坐果率低,花果脱落严重,青壮适龄树不结果,成年树产量不高不稳,果实的商品率低等问题。有的地方有20%～30%的枇杷园不结果,这些已成为当今枇杷生产中带有普遍性的突出问题。究其原因有以下两点:

(1)果农缺少超前投入。有的只重种植轻管理,导致缺乏持续发展后劲。枇杷是一个适应性强、投产早、经济回收快,回报率高的水果品种,各地引种后普遍成功,争相发展。特别有不少地方政府,都把发展枇杷生产当成农民致富的短平快项目,加以推广扶助。枇杷虽是一个经济栽培寿命较长(可达50年以上)和经济效益很高的果树,但需要高投入,早投入。可是在大发展之后,靠政府帮助建园的农民,由于资金缺乏,基础设施条件差,又缺少技术指导,结果种植枇杷失败。由此挫伤了果农的积极性,使得一些地方时有发生粗管、抛荒,甚至砍树现象。

(2)技术支撑力度不够。枇杷是近年发展起来的新兴果业,各地在示范推广中都投入了一些科技力量,也摸索出一套早结果、早丰产的优质栽培新技术措施,有效地促进了枇杷生产的大发展。由于这些行之有效的栽培技术措施普及和推广的力度差,特别是至今许多果树科技人员对全球气候变暖的生态环境认识不足。如枇杷的花而不实问题,研究至今仍然在花期低温问题上打转转,缺乏深层次地去认识。由于暖冬满足不了枇杷为解除花而不实对低温的要求,导致只有营养生长而没有生殖生长或出现生理死花。施肥不及时营养跟不上,使花量少,花质差,着果率低。因无法提供科学的栽培措施和化学调控技术支撑。加剧了枇杷低产和不稳产的恶性循环。

3. 产后保鲜技术环节薄弱

我国枇杷果实的保鲜贮藏有了很多创新技术，但仍以鲜食水果上市销售为主，果实的保鲜贮藏新技术应用甚少。一些先进技术没有得到很好的推广普及，在枇杷的生产和利用上很不平衡，如加工利用和产值率较低，产业各个环节之间缺乏有机衔接。特别是绝大多数的枇杷果实，产后在常温下运输和销售，而果实的采收期又正值夏季高温多雨时节，没有形成贮藏、运输、销售的冷链，损失很大，限制了枇杷的规模化生产和均衡的市场供应。

四、枇杷开发前景的展望

枇杷在中国是一个有着悠久种植历史的淡季"小水果"。主要是由于枇杷的适应性较广，栽培管理方便，特别是病虫害相对较少，用药量和用药次数只是柑橘树的一半。每亩果园年生产投入成本费用（肥料、农药）为600元左右。枇杷的鲜果产量高，经济效益好。以广西南宁市明阳农场集中成片的"早钟6号"、"长红3号"品种枇杷园为例，定植后6年树龄的果树，每667平方米可产鲜果2 000多千克，每千克在果园销售价6元，亩产值12 000元以上。通过这个事例再看果农的受益情况。该农场果农张健超夫妇俩都已50多岁，种植8亩枇杷，每年3月中下旬采收，城里汽车直接到果园收购，不愁果实难卖，果实在果园批量销售，每千克6元，亩产值达12 000元，年收入共计10万元左右。又如2001年5月中旬，成都市场的大果枇杷每千克30～35元。2006年4月中下旬，云南昆明市场大果枇杷每千克价25～30元，都居同期水果售价首位。上述各例表明，只要品种优良，管理科学，都能获得丰产、优质、高效益。枇杷一般6年生的嫁接优良品种，都能进入高产结果期，每亩鲜果产量在1 500千克以上，每千克平均销售价以25

元计,亩产值为37 500多元。在我国江南最适枇杷栽培的生态区域,只要每户农民能种植3~5亩枇杷果园,年收入可超过10万元,农民就可以安居乐业过上小康生活。提倡农民种植枇杷的具体方法,可以借鉴各地快速发展果业的经验,由当地政府组织引导,村级全面规划,集中连片形成规模种植,农民自己投资建园,资金不足的农户政府帮助向银行小额贷款解决,技术问题由县级农业部门指导和培训。这是一个短平快项目,是解决"三农"问题的新途径,也是加快农业产业结构调整,促进农村经济繁荣发展,保证农民增收致富奔小康的好办法。现在农民种植其他作物,一亩耕地创造的价值仅及一亩枇杷果园创造价值的1/20。即20亩耕地才相当于一亩枇杷果园。俗话说:"一棵果树当亩田,一片果树富万家"。因此,开发枇杷果业必须靠政府以政策引导,消除现在农民中普遍存在的"三缺一怕"思想(缺资金、缺项目、缺技术和怕市场)。

五、枇杷的物候期与树体

枇杷的物候期因地区、品种、栽培条件和不同年份气温变化等方面的原因而有所差异。枇杷树体的特征是指枝、叶特征。

1. 物候期

枇杷果树每年与外界环境条件相适应的形态和生理机能的变化,呈现一定生长发育的规律性,即果树的年生长周期。这种与季节气候变化相适应的果树器官(根、枝、叶、果)的动态时期称之为生物气候学时期——简称物候期。

(1)开花期。一般枇杷的花期较长,现蕾在秋分至寒露(9月下旬~10月上旬);初花期在霜降至立冬(10月下旬~11月中旬);盛花期在立冬至小雪(11月中旬~11月下旬);终花期在大雪至小寒(12月中旬～翌年1月中旬)。

(2)果实成熟期。是在立夏至芒种(5月上旬～6月上旬。早熟品种是2月中旬～3月下旬)。福建等枇杷产地的中南部亚热带区枇杷成熟为3～4月份;北部的亚热带、温带南部地区是在5～6月份成熟。

(3)展叶抽梢期。在3月上旬～5月上旬是春梢抽发期;5月下旬～7月下旬为夏梢抽发期;8月中旬～9月中旬为秋梢抽发期;11月上旬是冬梢抽发期(冬梢除福建等中南部的亚热带产区外,其他产区的枇杷树均不会抽生)。

(4)枇杷的换叶期。枇杷树的换叶期是在每年寒露以后,多集中在各次新梢萌发期和抽梢开花期。但枇杷树一年中落叶较多的时期,是在春梢发生后的4月上中旬,此期所落的叶片基本上是老叶。

2. 枝叶特征

枇杷树的树形呈圆头形,树干的表皮呈灰褐色,表皮无裂痕,枝梢(新抽生枝梢)为青棕色或青绿色,一年生的树枝是棕褐色。成年树的枝干为灰棕色或灰褐色,侧生枝长于顶生枝;结果枝短而充实,顶生枝上的顶芽多数会形成花芽结果;叶片是单叶互生,叶缘呈锯齿状或近全缘,羽状网脉,有叶柄或似叶柄,叶片的上表皮细胞外层角质化有光泽,下表皮生有绒毛。

六、枇杷树对环境的要求

枇杷树在生长发育过程中对外界环境条件有一定的要求,在不同的生长发育时期,对环境条件的要求也有不同。所谓外界环境条件,是指其生存地点周围的一切因素总和。我们了解和掌握枇杷对外界环境条件的要求,目的在于不断提高枇杷的鲜果产量和品质。对单株果树来说,它们相互之间的互为环境,在环境与果树之间,环境条件起主导作用。环境中对果树起作用的称为生态因子。其中包括气候因子、土壤因子、生物因子、地形因子。这些因子综合构成为生态环境。但对果树发生直接影响的,如光照、温度(热量)、空气、水分、土壤等,是果树生存不可缺少的必要条件。除此以外间接影响果树生长的还有地形、风、人类社会等因子。

枇杷园是一个动态平衡的人工生态系统。根据社会经济条件,模拟自然,创造合理的生态条件,在保持生态平衡的前提下,不断提高枇杷园单位面积产量、品质和经济效益,是枇杷果树栽培的重要任务。研究和掌握环境条件对果树生长发育的影响,是达到上述目的进行适地适栽的重要依据。这就是果树与生态环境相互紧密联系的辨证统一体,所有的生态因子是综合在一起对果树发生作用的。

1. 光照

光照是枇杷果树进行光合作用,制造有机养分不可缺少的因素,尤其枇杷树是属于喜光植物,俗话说:"山冈松,山背杉,向阳山坡栽枇杷"。因此,光照充足与否对枇杷鲜果产量影响很大。光照不足,枝条就会不充实,容易发生徒长,碳氮比下降,花芽分化不良或中途停止,花粉量少,着果率低。光照不足,枇杷花期和幼果期阴雨过多时生理落果严重。光照不足,果实的含糖量显著降低,光合作用强度不高,有机养分积累少,新根产生不多,无机养分吸收受到影响,树势减弱,病虫发生加剧。光照不足,受直射光时间短,枝条接受直射光中紫外线照射而产生的抑制作用减少,漫射光照射的机会相对增多,漫射光中较多的红、黄光线有利于生长。相反,如果光照充足,能使光合作用顺畅进行,有机养分增加,果实糖分提高,品质好。据我们多年在枇杷果园观察发现,光照不足的部位,枝条趋向于细弱徒长,直立向上,花芽少,不充实,着果率低。

实践证明在光照充足的果园中,树体强健,枝梢粗壮,叶片增厚,叶色浓绿,花芽饱满,坐果率高,果实外表色泽鲜艳,果香独特,病虫害发生少,产量高,品质优。

枇杷幼龄树的生长期和成年树的结果期对光照的要求各不相同。幼苗期的枇杷树喜欢散光照射,尤为刚出土的幼芽苗,忌阳光直射和曝晒,故需在苗圃搭起遮阳棚。成年树结果期则要求光照充足(果树内膛不能过于郁闭),反之会造成枝梢生长不良,枯枝增多,诱发病虫危害。因此,新建果园应选择在阳光充足的地方,注重密植幅度,在适当密植的情况下,要坚持进行必要的夏季修剪和冬季整枝,除培养树姿、平衡生长与结果的关系以及枝组更新外,还要改善树冠的光照条件。

2. 温度

温度是果树生存的因子之一,决定着果树的自然分布,对果树的生长、发育以及生理活动有明显的影响。枇杷是喜温果树,作为经济栽培区,通常认为以年平均温度为12℃以上才能生长,而在15℃以上为适宜生长温度,从我国和世界其他国家来看,北半球和南半球纬度在22°~33°的地区,都能种植枇杷。主要枇杷产区在亚热带地区,地处南北半球纬度25°~30°地区为适宜种植区域。美国把−12℃作为枇杷树耐寒的临界温度,把−3℃作为幼果冻死的温度。我国根据各地枇杷产区的生态指标,提出适合枇杷种植的适宜区和次适宜区的温度生态指数如下。

适宜区:年平均温度为18~20℃(生理最适温度),≥10℃的年活动积温为5 000~6 500℃,最冷月(1月份)平均温度为6~10℃,日最低气温≤−3℃的天数为0~10天。

次适宜区:年平均温度为15~17.9℃的年活动积温为4 500~4 999℃,最冷月(1月份)温度为4~5.9℃,日最低气温≤−3℃的天数为11~20天。

枇杷不同生育期和植株不同器官,对温度的要求和适应能力各不相同,其树体的耐寒性较强,成年树在冬季短时间的-18℃下无冻害,持续时间越长,受冻越严重。枇杷的花蕾最耐寒,可耐-5℃低温,开放的枇杷花丝、幼果最不耐寒,幼果生长的最低温度不低于-3℃。由此,看出枇杷常绿果树对低温比较敏感,树体耐低温(即耐寒性)较柑橘强,各器官对温度的要求有别。但枇杷不耐高温,花开始发芽的温度在10℃以上或5℃以下和35℃以上,花粉发芽率均较低。夏秋干旱高温季节,土壤温度超过35℃时,枇杷树的根系即停止生长,成熟果实容易萎缩。由于枇杷开花在秋冬,果实成熟于初夏。因此,冬季要求有一定的温度,否则会直接影响当年的产量。这就成为是否枇杷经济栽培的限制因子。凡年平均气温在15℃以上,冬季温度不低于-6℃,幼果期温度不低于-3℃的地区,栽培枇杷都能成功,并获得好的收成。在北缘地区新建枇杷园应选择在江河、湖泊旁边,可以调节气候或在园地西北面有高山抵挡寒流的地方建立枇杷园较好。

3. 水分

水是枇杷果树各个器官重要的基本组织成分,细胞分裂和伸长都必须在水分充足的情况下进行。果树的生命活动也需要有水分的参加,枇杷树虽然有喜湿习惯,但是又怕涝。果园土壤要能保持湿润,果树根系生长就会正常,如土壤积水即易产生烂根,严重时全株果树死亡。这是由于枇杷树的祖先,长期生长在我国长江流域及以南地区的气候条件下,果树的叶片、枝梢、根系和果实等器官,对水分有其一定的要求。江南各省、区、市,常年降水量为1 000~1 800毫米,水量充沛,能满足枇杷生长发育和开花结果的需要。虽然在一年之内降水量分布不均,但除特殊年份外,一般在7月上旬雨季结束,进入高温干旱时期,有利于花芽分化。10月份至翌年2月份,雨量仍较少。此时气温偏低,蒸发量小,只要做好树盘覆盖,不出现冬旱,不会太多影响枇杷生长和开花结果所需的水量。到3~4月份春雨期和5~6月份的梅雨期,夏、秋季常有雷雨和台风带来的雨水,如果园地下水位过高时,极易发生涝害,影响根的正常呼吸,妨碍土壤中有益微生物的活动,增加土壤还原性有毒物质的生成,引起枇杷树烂根落叶。这时正值果实增长期,遇到长期连绵阴雨寡照天气,会影响糖分转化,果味变淡,着色不佳,成熟延迟,裂果增多。若出现干燥寒冷西北风天气,亦易使果实脱水皱缩,落果严重。7~8月份出现阴雨连绵天气,枝梢生长旺盛,不易停止生长,顶芽很难成花,花芽分化不好。11月~翌年2月上旬开花期气温偏低雨水多,会降低花粉的发芽率。俗话说:"枇杷开花天气晴,来年获得好收成"。就是说枇杷开花时晴天,昆虫多授粉好,落花落果少,产量高。由此,为应对枇杷各个生育期所出现的不良天气,应将地下水位降低到1米以下,开深沟排除渍水,降低土壤湿度,保持枇杷在生长发育过程中所需要的一定水分。

4. 土壤

枇杷对土壤的要求不严,但既有广泛的适应性,又有严格的选择性。如沙质土、壤土、紫色土、黄壤土、红壤土或丘陵山坡地以及其他瘠薄土栽植都能成功。枇杷根系喜微酸性和中性的质地疏松、排水方便、通气性良好、耕层深厚的沙质壤土、砾质壤土、冲积土等。理想的土壤酸碱度pH值为5.5~8.0,以pH值6.0~6.5为最好。最忌容易积水或过于黏重的土壤。这是因为枇杷果树根系较弱,缺氧反应敏感,土壤空气中氧的含量在10%以上才能生发新根。土壤中氧的含量不低于15%,枇杷果树根系才会正常生长,如果土壤中的含氧量低于5%,枇杷果树根系的生长趋于缓慢或停止,含氧量低到2%时细根便会死亡。因此,枇杷树对土壤虽然要求不十分严格,但不论何种质地的土壤,都需要排水良好(特别对果园地下水位的要求,务必在1米以下)。为了枇杷果树能够早结果,产量高,品质优,能维持较长的经济效益寿命,对枇杷果园地址的选择条件必须是土壤肥沃深厚,贫瘠的土壤宜进行深翻扩穴改土,多施农家有机肥料,增加土壤有机质。选择在山地建园,地势高爽,阳光充足,容易排水,比在平地建园更好。要使枇杷速生、丰产、优质,就应针对果园的不同土壤条件,采取行之有效的改土措施。江西省果农在长期实践中摸索出"深、改、肥、酸"等办法改良土壤,效果显著,"深"就是荒山深垦,冬冻夏晒,改变土层浅薄板结状况;"改"是结合挖定植沟(穴)时,深施农家有机肥,对黏土应采用掺沙或沙土掺泥等客土法进行土壤改良;"肥"是在果园行间间种绿肥、花生、大豆,就地翻埋作物秸秆作为绿肥;"酸"是在中耕追肥时施用酸性肥料,提高微酸性土的酸度。通过这些措施大大提高了土壤的保肥保水能力和通气性,有效地改善了土壤性状。

5. 风及其他

枇杷果树由于树冠挺拔,叶大而密,透风性差,根系在土壤中分布浅,又较狭窄,故在建园时应选择背风处或有人工培植的防护林,尽量减少大风危害。微风对枇杷生长有益,可以促进果树株间、行间和树冠内部的通风条件得以改善。如强风则是枇杷栽培条件的限制因素之一,花期遇强风会影响开花传粉,空气相对湿度降低,柱头易于干燥,受精不利,造成花果脱落。在展叶不久时遇上大风,新梢尚没有完全木质化,易被强风吹折。果实增大期遇强风,往往将果枝折断而减产歉收。

所谓其他灾害,是指冰雹和工厂"三废"等对枇杷生长结实产生的危害,局部地区在春夏之交,常有不同程度的雹灾发生,使果树新梢断残,叶片打碎,果实砸烂,减产歉收。工厂的废水、废气、废油,导致枇杷果树叶黄枝枯脱落,不结果实。因此,果园基地选择时,必须考虑这些灾害因素的影响。

第二章 枇杷的生物学特性

一、植物学形态特征

枇杷为多年生常绿乔木或灌木,植株高大,其树体高度与冠径一般可达 4~5 米(经人工控制株高 2.5 米左右)。枇杷树在一年中生长发育的过程,为年生长发育规律。而一年中生长发育的时间有 330 天左右,生长与休眠没有明显的界限。但一年中枇杷树的根、叶、枝、芽、花、果、种等器官生长发育都有一定的规律。

1. 根

生产实践中总结出"根深叶茂"和"育苗先育根"的宝贵经验。表明根系是枇杷果树的重要器官。根除了有固定地上植株(主干、枝叶)吸收水分、养分作用外,还具有贮藏和合成营养物质的功能。根的生长与地上部的生长、开花、结果关系很大。要使枇杷丰产稳产,就要为根系活动创造良好的条件。枇杷果树的根系不够发达,须根较少。据日本研究,枇杷须根与全根的重量比值为 0.16,叶片与须根的重量比值为 8.57,地上部与地下部重量比值为 3.64。枇杷主根由胚根发育而成,垂直向下生长。地下水位高,排水不好的果园,容易造成烂根。

2. 叶

枇杷叶为单叶互生，叶的上表皮细胞外层角质化有光泽，下表皮有密生绒毛，叶缘呈锯齿状或近全缘，羽状网脉。叶片由叶面、叶柄和托叶构成。叶身革质，披针形、倒披针形或倒卵圆形，长圆形，先端渐尖，基部楔形或渐狭成叶柄。叶片大小和形状随品种、枝梢抽生时间及栽培条件而变化。通常以春梢上的叶作为品种的代表。叶片是果树进行光合作用制造养分的主要器官，树体有90％左右的干物质是靠叶片合成的。枇杷树不但要求有一定数量的叶片和叶面积指数，而且要求叶面积在树冠内合理分布，才能提高叶片的总体光合效能。叶片寿命一般为13个月，因各种情况而差异很大。老叶逐渐脱落，待新叶同化机能旺盛时老叶才脱落，因而出现新老叶交替现象。新叶的光合作用效能随叶龄增加而增加，成熟后光合效能达到高峰。树冠过大叶面积指数过高，树冠内膛无效光区增大，这样不仅不能高产，反而会导致减产。目前采用自然开心形整形，就是为了增加树冠的有效光区，提高光能利用率。一株枇杷树上的叶片多少、叶片质量高低及分布状况与其丰产和果实质优的关系密切。

3. 枝

枝条是构成枇杷树冠，扩大树体，着生叶片与根部沟通，交换和输运营养物质以及着花着果达到开花结果的目的。枇杷的新生枝梢为青棕色或青绿色，一年生枝为棕褐色，成年树枝为棕色或灰褐色，侧生枝比顶生枝长，顶生枝短而充实，顶芽多数能形成花芽。枇杷果树从树冠不同部分构成树体地上部骨架结构。包括主干、主枝、侧枝、延长枝、结果枝组等部分。

（1）主干：从地面的根颈部起到第一主枝以下为主干。树干棕褐色，老树干裂痕浅，树形圆头形开张，实生树主干较高，中心干较明显,嫁接树成年后中心干明显。主干起着支持树冠向上伸长的作用,果树地上部分在主干以上总称树冠。

(2)主枝:直接着生在主干上的永久性骨干枝为主枝。

(3)侧枝:着生在主枝上的固定性骨干枝分枝称为侧枝。

(4)延长枝:指主枝、侧枝等骨干枝先端,继续延长和扩大树冠的一年生枝条。

(5)结果枝组:又叫结果单位枝,着生在主枝和侧枝等骨干枝上的多年生枝群,是结果的主要部位。根据其来源和所占体积(含果枝数量以及寿命长短等不同)结果枝组可分为大型结果枝组、中型结果枝组和小型结果枝组三类。枇杷果树其他各类枝条的生长特性如下。

生长枝(也叫营养枝),生长旺盛的一年生枝,着生在树冠外围光照条件好的部位,枝条上多着生叶芽,偶有花芽,能形成较多的副梢,叶片大且厚,节间短而组织充实。幼年树与旺长树上的生长枝,长势较强,结果量过多的树和老树则长势弱。生长枝是构成幼树扩大树冠和培养结果枝组的主要枝条。

徒长枝,枝条直立生长,消耗树体大量营养,节间长,芽瘦小,叶大而薄,枝条组织不充实,多着生二次枝,不会形成花芽。幼龄树和生长旺盛的树上徒长枝较多,可通过整形修剪,培养成各级主枝形成树冠;成年树上的徒长枝,常扰乱树形,应尽早疏除;根据树冠需要,可通过夏季摘心培养成结果枝组;对衰弱老树抽生的徒长枝,可利用为更新树冠,即选择适宜部位的徒长枝,经过适当短截以促进新梢,2~3年亦可使衰弱老树重新形成树冠,恢复结果能力。

长果枝,枇杷长果枝生长能力较强。幼龄结果树上的长果枝,在结果的同时又能抽枝,这种长果枝不仅结果性能差,而且落果严重。

中果枝,生长能力中等,枝条较细。幼壮果树结果性能好,但容易中途落果。

短果枝,多着生在枝梢中、下部,节间短,枝上除顶芽和叶芽外均为单花芽。由于生长停止早,所以花芽较充实饱满,如营养条件好,结果能力强,是重要的结果枝,修剪时注意只能疏删,不能短截。

4. 芽

芽是枝、叶和花器官的原始体,它与种子有相似的特点,在繁殖时可以形成新的植株。芽是果树生长、结果及更新复壮的基础。了解芽的习性,对培育和利用优质芽有着非常重要的意义。根据芽在枝梢上着生的位置,枇杷芽可分为顶芽和侧芽。顶芽着生于枝梢的顶端,均为叶芽,侧芽着生在枝梢的叶腋内即称腋芽。顶芽和腋芽都着生在枝的一定位置上,统称为定芽,而在愈合组织的附近或节间上,发生的芽亦称不定芽。按照芽的性质,枇杷芽有叶芽、花芽和混合芽三种。只抽枝长叶的芽叫叶芽;能发育成花或花序的芽叫花芽;有的芽先抽枝,并在枝上长叶、开花,这种芽叫混合芽。从芽的萌发特点可分为活动芽和潜伏芽,也叫隐芽。如在老枝或主干原节位处,有潜伏芽(隐芽),在受到特殊刺激后萌发出新梢,利用这种特殊习性对老树复壮更新很重要。又如枝条基部的芽发生在早春,因为此时期气温低则常成隐芽,以后随着气温升高,枇杷树上的叶面积增大,光合作用增强。所谓的隐芽发育状况改善,因叶片中积累了大量营养,隐芽即成了极为充实饱满的芽,这种芽在嫁接时是选择壮芽的对象。枇杷冬季未开花的枝条顶端有一个顶芽,到春天这个顶芽抽生的枝条,称春生顶芽枝,侧芽抽生的枝条称春梢侧芽枝,夏梢顶芽和夏梢侧枝同上述一样。但夏秋季枇杷枝条的顶芽有一部分形成花芽,在秋末抽生极短的一段枝条有1～3片叶或无叶而形成一个花轴,其上也有许多小枝轴会开花结果,是枇杷花芽的混合芽。

5. 花

枇杷花是由花托、子房、胚珠、花丝、柱头、花瓣、花药、花柱、萼片等组成(图2-1)。花穗都是顶生的,为复总状花序(小穗为聚伞

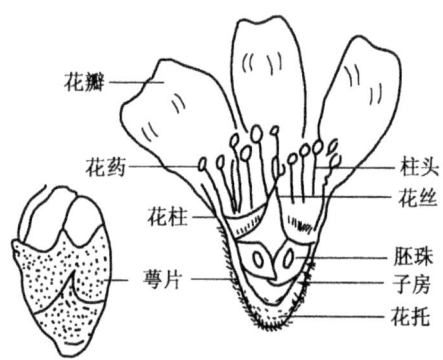

图2-1 枇杷花的构造

花序),每个花穗花数多少差异很大,多的花数250～260朵/穗,少的30～40朵/穗,一般的70～100朵/穗。从能用肉眼认识花穗起,约经1个月后开始开花,花的开放顺序因花穗类型不同而有差异,最早开放的花是花穗总轴顶部的单花,然后是花穗中部支轴的花,最晚是花穗下部支抽的花。下垂的花穗以弯曲部为中心,从上至下依次开放,而每一小穗同样则是顶端一朵花先开,两侧的花后开。枇杷开花时所需温度为11～14℃,此时开花最多,10℃以下开花期延长。开花的迟早因地区、品种、枝梢类型和环境条件而有很大差异,花穗出现早晚与花穗大小成正相关的,早期花穗最大,中期次之,晚期最小。顶生的夏梢母枝开花最早,侧枝较晚。浙江果农总结枇杷开花期分为三批:头花是10～11月份开放,头花的果由于生长期长,发育充实,果实个大,品质最好,但易受冻害,应做好防冻保护;二花是11～12月份开放,由于二花果实生长期稍

短品质次之,受冻害也比较少;三花开放在1~2月份,果实生长比头花果实更短,果实个头小,品质差,而受冻害少。在四川成都以9~10月开花结果,果实品质好。攀枝花、西昌等地区于7月份开花,由于高温干燥,坐果率低,9月份开花的坐果率较高,可以提前3个月成熟。

枇杷花粉萌发所需温度的要求:10℃以上花粉的萌发率都低,在15℃时花粉完成受精过程很短。北缘地区栽植枇杷,11~12月份晴天中午气温升高,枇杷花粉可以完成受精过程。在此期间应抓住晴天气温回升的机会加强叶面追肥,促进授粉受精,提高结果率。

为了丰产稳产,对枇杷花芽分化进程和规律应有一个深入的了解,尤其要掌握花芽形态分化初期与花芽生理分化期,以便进行人为调控花芽分化时期,枇杷结果是由叶芽生理组织状态转化为花芽生理组织状态,称花芽分化。花器官分化完成后又称花芽形成。此期除内部因素外,而外部与内部因素对花芽分化使起的促进作用即称花诱导。花器官在芽内开始出现时又称形态分化,在形态分化前生长点由叶芽生理状态,转向形成花芽生理状态的过程则称为生理分化。

枇杷花芽是结果母枝上顶芽分化形成的。从7~8月份花芽开始分化后的1~3周形成花托、花瓣,一个月后形成雄蕊、雌蕊。随后再分化成胚珠、花粉粒。枇杷花芽分化临界期(即生理分化期),大概是6月~7月,这时生长点原生质极不稳定,对内外因素有着高度的敏感性,容易改变代谢方向,此时是控制花芽分化的关键时期,就是顶芽原基在不同条件下,既可分化成叶芽又可分化成花芽。顶芽原基向花芽分化的基本生理和营养条件如下:①要有建成花芽更丰富的物质、包括光合产物、矿质盐类和由以上两类物质转化合成的各种碳水化合物、各种氨基酸及蛋白质等;②要有形态建成中所需要的能源。如能量贮藏和转化物质(淀粉、糖类等);

③树体的激素代谢要有利于芽原基向成花方向发展,主要是赤霉素数量下降,活力降低,脱落酸的数量增加,活力加强,细胞激动素及吲哚乙酸(IAA)等生长素维持适当的量和活动水平;④要有与花芽形态建成有关的遗传物质,脱氧核糖核酸(DNA)和核糖核酸(RNA)等的代谢有利于花芽分化。在花芽生理分化期要增加对枇杷果园的施肥量和调节氮、磷、钾比例,增加磷、钾肥用量,补充微量元素,控制供水,降低土壤含水量,适当疏去树冠上部的徒长枝和过密枝,采取拉枝、扭枝等栽培技术措施,通过人为去影响枇杷树体的营养、水分和激素的活动水平,调控花芽分化进程,从而达到提高花量和花质。由于每株枇杷果树的每个顶芽营养、水分、激素水平各不一样,进入花芽期的具体时间亦有先有后。所以只有掌握花芽生理分化的大致时间(6~7月份),在这个时间范围内及时采取综合农业技术措施,促进花芽分化,一般都能取得较好的效果。

6. 果

枇杷果实由花托发育而成,其构造由花托(果肉)、子房、花萼三部分构成(图2-2),植物学称其为"假果"。外果皮强韧,但易剥

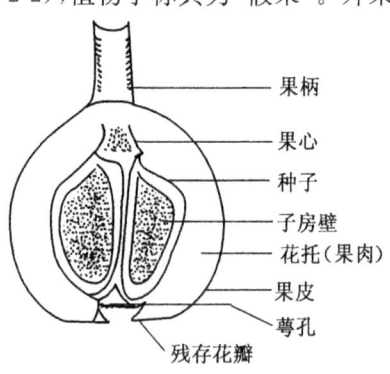

图 2-2 枇杷果实的构造

离,果肉较厚。成熟枇杷果实的果肉由花托形成,萼筒由花萼形成,子房壁形成包围种子外的内膜。幼果子房有5室,每室有2个胚珠,但受精的胚珠不一定能发育成种子,有的退化或冻死,幼果仍能继续生长。果实重量、体积和果肉重量的增长与果实纵横径的生长是同步的。盛花后118天内果实重量、果肉重量和果实体积缓慢增长,日增长量分别为0.011 9克、0.011克和0.099 7立方厘米;盛花后118~158天内增长迅速,日增长量分别是0.31克、0.192克和2.547立方厘米;盛花后158天至果实采收增长量放慢,日增长量分别达0.2克、0.096克和0.698立方厘米,其生长发育曲线为S型。

枇杷果实成熟期约10天左右,此期间果实中的糖分增加,一直延续到果皮充分着色后的若干日才停止,成熟枇杷果实中糖分以蔗糖最多,其次是果糖和葡萄糖。而枇杷果实中酸含量却下降,其中酸的主要成分是苹果酸和少量柠檬酸。

7. 种子

枇杷随着果实发育,种子的重量与果实重量不一致,种子重量在盛花后125天内生长极缓慢,日平均增长量仅为0.002 7克;盛花后的125~146天为生长高峰,日平均增长量达0.116 8克,其增长量为前期的43倍。由此以后至成熟种子重量增加很小,日增长量只有0.006 1克,生长发育曲线与果实生长发育一样为S型。

枇杷种子特别肥大,种子约占果实全重量的15%~25%。种子主要是两片子叶形成,胚根小,种子多为卵圆形、长椭圆形,颜色为赭黑色、褐黄色或棕色。单果种子数为1~8粒,富含淀粉,可提取工业用淀粉或用以酿制酒精。

二、枇杷生长发育特性

枇杷树的生长活动,在一年内或年度间均有明显的连续性,并表现在整个生命周期中。从种子发芽、生长、开花、结果到死亡的全过程,为个体生长发育规律。掌握这个规律的目的在于正确地制定农业措施,提出相应的栽培技术和改进对策,缩短枇杷树的幼年和老年时期,延长成年时期,以便减少投资,实现早结优质果,提高效益。

1. 枇杷经济栽培期的划分

枇杷的经济栽培寿命为 60～80 年。立地条件好和科学精细的栽培管理,或种植杂交(嫁接)优良品种,其经济栽培寿命可以长达 100 年。现在以大量推广嫁接枇杷品种为例,将枇杷经济栽培划分成三个时期。

(1)幼树时期:枇杷树从苗木定植到第一次结果(大概在 2～3 年),在这个时间段以营养生长为主,每年抽生新梢 3～4 次,个别幼树虽可开花,却很难结果。此期间的主要特点是根、枝、叶营养生长旺盛,产量逐年增加,一年中各季都有枝条萌发,是为枇杷树搭好高产骨架(树冠成塔形),为以后打下丰产基础阶段。因此,枇杷树在幼年时期就要抓紧做好中耕、施肥和定形修剪等各项工作。促进树冠和根系的快速生长,叶光合和吸收面积迅速扩大,同化物质积累逐渐增加,为首次正常开花结果创造条件,奠定物质基础。在栽培上注重对果园管理进行扩穴深翻,充分提供有机肥料和水,轻剪长放多留枝,加速地下根系和地上植株协调生长,根深叶茂,早期形成预定树形。到后期才缓和树势,使花芽形成量达到适当比例。

(2)成年时期:为枇杷树的结果盛期,从有经济产量起,经过稳定的高产阶段到开始出现大小年至产量连续下降初期为止,长达30年～40年以上,在这漫长的几十年中,其特点是,营养生长下降,树冠扩展缓慢多为圆头形,枝长而粗,生长旺盛,树冠上下内外都有花果,鲜果产量达到高峰。这个时期要特别加强肥水管理和修剪整形。及时施肥补充树体消耗的大量营养物质,使地下部的根系和地上部的枝条生长逐渐强盛。树冠内部有少量旺盛更新枝条,开始向心性生长,从而缩短根叶距离,有利于提高吸收和合成营养的速度。所以在栽培技术上肥水供应是关键,精细地更新修剪,均衡配套营养枝、结果枝,并要达到生长、结果和花芽形成都能成为平衡状态,才是持续丰产,提高果实品质的重要一环。

(3)老年时期:枇杷树从产量降低到几乎没有经济收益开始,直至大部分植株不能正常结果。在这一时间段的特点,枝叶稀疏,叶黄枝枯,主干过于衰老,无法进行更新复壮,没有了经济栽培价值,几十年后的衰老树,应砍伐清园。枇杷果树衰老期出现早晚,受栽培管理水平和自然条件的影响。

2. 枇杷是无休眠期的果树

枇杷树在生长过程中不能明显地划分出它的休眠期,正因为枇杷没有休眠期,一年中能抽发4次新梢。从春季开始进入萌芽生长后,直到冬季四季中都属于生长阶段,包括营养生长(根、枝、叶)和生殖生长(开花、结果)两个方面。在冬季较冷的地区一年中也能抽发3次新梢,鲜花照常在低温下傲然开放。在华南地区施肥充足,生长茁壮的幼树,一年甚至可抽生新梢5～6次。枇杷树的生长发育特性,是祖先在原产地长期的生长环境中所获得的遗传性。由此,枇杷的栽培与气候原因,会使整个生长期出现低产或不稳产等现象,只有认识和掌握了枇杷树这一生长发育的规律和关系,对解决生产中存在的问题有一定帮助。

3. 枇杷根的生长变化

枇杷树根系一年中有3~4次生长高峰,土温在5~6℃时开始生长,9~14℃时生长缓慢,18~25℃生长旺盛,30℃以上则停止生长。枇杷树的地下部根与地上部抽梢是轮换交替进行生长。随着气温逐渐回暖而开始活动,第一次根的生长高峰在1月下旬(大寒)~2月下旬(雨水),是全年根生长最多的一次。这时地上部第一次抽生春梢同时进行开花结果。第二次根生长高峰在5月上旬(立夏)~6月中旬(芒种),此期气温高,雨水多,夏梢开始抽生。第三次根生长高峰为8月中旬(立秋)~9月中旬(白露),而地上部的秋梢抽生期。第四次根生长高峰于10月下旬(霜降)~11月下旬(小雪),这时是地上部的冬梢抽生期。在比较寒冷的亚热带北部(或温带南部)区域,枇杷根一年只有3次的生长高峰期。

由于枇杷树的根系不够发达,垂直根较少,水平根系多,在土壤中分布较浅,但这又与土质、果树品种和树龄相关。主根在1~1.3米深的土层中,离地表10~50厘米的土层中大多数是吸收根系,80厘米以下土层根系分布较少。在土层深厚疏松的园地果树根系生长旺盛,深达土层1米以上。根系在地下水平分布区域的大小,基本与地上部树冠的大小成一致。枇杷树细根多,粗根壮根少,成网状在土层密布。如果在年周期中果园土壤管理没有根据根系的生长特点进行,在早春气温低,养分分解慢,此时正值根生长高峰(是全年根系生长最多的一次),更是春梢抽生、开花结果期,就会造成营养供应不足。因此,果园管理必须增施腐熟优质有机农家肥,扩穴深翻,迅速提高土温,促进吸收根的大量发育。夏季进入高温少雨季节,仍要保持根的正常活跃生长,夏初又是果实生长处在最旺盛时期,也要采取上述有效措施,秋季进行土壤深耕,结合施肥,对提高树体营养物质积累,满足秋冬开花结果的需求有重要作用。枇杷根系与其他果树根系相比欠发达,在土层中分布较浅,这就要求在管理上注意枇杷果树根系在生长过程中,所容易发生的生理障碍现象,如冻害、热害、肥害等。

4. 叶片与枝梢的萌发

枇杷叶、枝生长期有几个重要时段。

(1)叶芽萌发期:叶芽萌发后生长点(幼叶)伸出芽外,随即在节间伸长,幼叶开始长出时小而嫩,光合作用微弱,叶、梢的主要营养物质,全靠树体贮藏的养分供给生长。

(2)旺盛生长期:枝梢延伸,幼叶迅速展开,叶片增多,绿叶面积加大,光合作用不断增强,叶梢进入旺盛生长期。

(3)缓慢生长期:新梢形成顶芽,生长逐渐缓慢直到停止。

(4)组织成熟期:枝梢内部养分积累,组织充实,逐渐木质化。

枇杷枝梢加粗生长,是茎内形成层细胞不断分裂、分化和增大的结果。加粗生长比加长生长稍晚,加粗生长与加长有明显的相关性。因为萌动的芽和加长生长时形成的幼嫩枝叶,能产生生长素一类的物质,会激发形成层的细胞分裂。为了促进枝梢加粗生长,必须在树枝上保留较多的叶片。各类枝梢随着树龄、树势、种类、栽培条件而有变化。幼龄树以长枝为主(徒长枝也会发生),随着树龄增长进入初果期,此时长果枝、中果枝偏多,在骨干枝的中、下部形成短果枝,至盛果期则以短果枝为主。常绿枇杷树一年四季没有明显的休眠期,老叶脱落的时间多集中在各次新梢萌生和抽穗开花时,这是对低温、高温、干旱等环境变化所表现的一种适应我国南方的气温和湿润气候有利于叶片快速生长,且生长量大。特别是生长优势较强的青壮树。绿色叶片可以利用阳光、水分、二氧化碳进行光合作用,制造碳水化合物,为根、枝、叶、花、果提供有机养分。

5. 叶芽与花芽的分化

枇杷枝梢上的芽原始体在发育过程中，一种形成叶芽（趋向于营养生长）；另一种形成花芽（趋向于生殖生长）。花芽从孕育最初阶段起，到逐步分化出花器为止的发育过程，称为花芽分化。枇杷花芽分化时间因地区不同而不同，据观察，一般是在6月下旬和7月中下旬，有两次花芽分化高峰期。枇杷花芽分化可分三个阶段，即花芽生理分化期，花芽形态分化期，性细胞成熟期。

(1) 花芽生理分化期：是在树体营养物质和激素达到一定水平，外界条件适宜时，花芽内生理和组织状态发生质的变化。

(2) 花芽形态分化期：是在枝梢生长点生理分化以后出现形态分化，在显微镜下观察到生长点由尖变圆，接着花萼、花瓣、雄蕊、雌蕊原基发生形态分化。

(3) 性细胞成熟期：是在雌蕊原基形成后，继续经过多次分化形成雌雄配子体（卵和精子）。枇杷花芽生理分化是花芽孕育，形态分化是花芽建造，性成熟阶段是花芽完善。因此，花芽分化的三个时期，是枇杷生殖阶段三个不同的生理活动，相互间互为因果关系。以往在栽培学上对花芽分化研究多注重于形态分化，对花芽生理分化研究甚少，性成熟阶段更鲜为人知，正是由于对花芽生理分化和性成熟阶段知之不多，造成管理措施不到位，出现花量少，花质差，着果率低，甚至歉收。

6. 开花习性

枇杷果树的开花时期有别于其他果树，有三个不同点。第一是在冬季低温时开花；第二是从10月份至翌年1月份，花期达3~4个月之长；第三是花量多而坐果率低。特别在低温条件下，能进行正常的萌芽、抽梢、开花、结果。在开花时间较长的情况下，能耐受有时会发生的持续阴雨、低温、寡照等恶劣天气，有的年份会出现性细胞发育时间短、花器官不完善,受精差,着果率低,果粒小,品质劣。枇杷全树开花达5%以上为始花期,开花达25%以上为盛花期,开放的花数达到75%以上称末花期。待花冠全部脱落或凋谢即是终花期。枇杷树开花早晚和持续日数多少,因品种和地区不同而有差异。就同一棵树的不同部位,开花的时间也不是一样。枇杷开花顺序如下:树冠下部的开花期长,中部次之,上部的花期最短;同在一个花穗上总轴顶部的单花开放最早,中部支轴上的花次之,下部支轴上的花开放更晚;在一棵枇杷树上,从第一朵花开始开放到最后一朵花开放需46天左右,一朵花从花蕾露白到谢花,需19~20天。根据枇杷开花特性,在栽培上不存在因冬季温度不足而影响到萌芽、开花、结果的现象。进入20世纪80年代后,由于全球温室效应产生暖冬气候,有利于满足枇杷对低温量的需求,加上栽培技术不断提高,能有效地调控春芽适时萌动,加上及时追施肥料,防治病虫害,促使果树生长健壮,芽体发育饱满,枇杷高产优质已逐步实现。

7. 授粉受精

枇杷果树均具有自花授粉的自交能力。由于枇杷蜜腺丰富又为虫媒花果树,可通过昆虫传递花粉,达到授粉受精目的。一般可采取在果园放养蜜蜂,初花期在树冠上喷洒糖溶液,引集蜜蜂、昆虫等,有利于帮助授粉,提高坐果率,增加鲜果产量。据资料介绍,气温在10℃以上时,花粉开始萌发,20℃左右发芽率达70%以上,5℃以下和35℃以上发芽率较低。在阴雨低温或刮大风等恶劣条件下,蜜蜂和其他采蜜昆虫活动少,难以帮助授粉受精。但在一天中只要有短时花粉萌发所需的温度(10℃以上),花粉管就能顺利地伸长到达子房胚珠,完成受精过程。为了提高枇杷的坐果率,在定植时果园应配置授粉树,花期相同,这是提高产量的有效措施。

8. 果实发育

枇杷受精后子房迅速膨大,果实在发育过程中,枇杷从受精后幼果不断增大,果实生长初期为2月上旬(立春),果实纵径增大较快,横径增大较慢;果实生长中期在2月下旬(雨水)至3月中旬(惊蛰),果实纵径和横径增大的快慢近乎平衡;果实生长后期是3月中旬(惊蛰)至4月上旬(清明),果实横径增大加快,4月中旬后迅速达到高峰。枇杷幼果形成到果实成熟需要124~134天,其中生长初期和中期因气温影响而生长速度缓慢,到3月中旬气温回升,4月上旬膨大达到生长高峰。4月中旬至5月上旬的30天中,是果实迅速生长期,因气温不断稳定升高,细胞、种子都在迅速增长,果实不断膨大。成熟前大约15天内果实发生成熟期的变化:果皮由绿色逐渐转为黄绿色至黄色,最后是橙黄色或橙红色。果肉迅速增大,糖分增加,肉质变软,酸度迅速降低,种子停止生长。在这15天内果实的蔗糖、果糖、葡萄糖和部分小梨糖、蛋白质、苹果酸及少量的柠檬酸、糖酸比的变化都非常明显。

第三章 枇杷的品种

目前,枇杷的主栽品种都是经过科学的培育选择。经济性状及农业生物学特性符合生产要求,遗传上也有相对相似的植物群体。但仍然存在着株间差异,今后应加强选种、提高种性、防止混杂退化和并不断培育新品种。

一、枇杷品种介绍

枇杷是蔷薇科枇杷属常绿乔木。其品种资源在我国极为丰富,目前已发现14种和一个新变种——大渡河枇杷。枇杷属植物分布在亚洲温带及亚热带地区,约有30多种。1990年,华中农业大学章恢志教授等,根据花期的不同和老叶背面有无绒毛将枇杷分成4组,每种枇杷的学名见表3-1。

1. 第一组:冬季(10月份到翌年2月份)开花,幼叶下面有绒毛,老时仍不脱落的有:普通枇杷,栎叶枇杷,大渡河枇杷,麻栗坡枇杷。

2. 第二组:秋冬开花,幼叶下面有绒毛,老时脱落近无毛的有:齿叶枇杷。

3. 第三组:春季(3~5月份)开花,幼叶下面有绒毛,老时仍不脱落的有:怒江枇杷、台湾枇杷。

4. 第四组:春季开花,幼叶下面有绒毛,老时脱落近无毛的有:倒卵叶枇杷、大花枇杷、腾越枇杷、香花枇杷、窄叶枇杷、小叶枇杷、椭圆枇杷、窄叶南亚枇杷。

表3-1 枇杷品种学名

	种名	学名
第一组	枇杷	Eriobotrya japonica (Thunb.) Lindl.
	栎叶枇杷	Eriobotrya prinoides Rehd. et Wils.
	大渡河枇杷	Eriobotrya prinoides Var. daduheensis H. Z. Zhang
	麻栗坡枇杷	Eriobotrya malipoensis Kuan
第二组	齿叶枇杷	Eriobotrya serrata Vidal
第三组	怒江枇杷	Eriobotrya salwinensis Hand.—Mazz.
	台湾枇杷	Eriobotrya deflexa (Hemsl.) Nakai
第四组	倒卵叶枇杷	Eriobotrya obovata W. W. Smith
	大花枇杷	Eriobotrya cavaleriei (Lévl.) Rehd.
	腾越枇杷	Eriobotrya tengyuehensis W. W. Smith
	香花枇杷	Eriobotrya fragrans Champ. ex Benth.
	窄叶枇杷	Eriobotrya henryi Nakai
	小叶枇杷	Eriobotrya seguinii (Lévl.) Card. ex Guillaumin
	椭圆枇杷	Eriobotrya elliptica Lindl.
	窄叶南亚枇杷	Eriobotrya bengalensis (Roxb.) Hook. f. f. angustifolia (Card.) Vidal

二、枇杷主要品种

现在已利用或有利用前途的一批枇杷种或变种、变型,多处于野生状态,零星分布在山区。各具有独特优良特性,可供今后开发利用或作砧木及育种材料。

1. 普通枇杷

别名卢橘,原产于我国贡嘎山东南坡的大渡河中下游地区。常绿小乔木,树体高大约6~10米,树干颜色灰褐,新梢有锈色绒毛,叶片披针形或长椭圆形,叶长12~30厘米,先端尖,基部楔形,上部叶缘似锯齿,叶面光亮多皱,叶背有锈色绒毛,叶柄甚短,似具芳香。圆锥花序顶生,一个花序有小花数10~200朵不等,秋冬开花,花期长达3个月以上,子房5室,每室2个胚珠,果实圆或卵圆形,直径2~5厘米,淡黄至橙红色,原生种果实小,肉质薄。栽培种的果实大小形状不一,成熟期在4~6月份,果实以鲜食为主,也可加工制作罐头、蜜饯或作为酿酒等原料。

2. 台湾枇杷

原产于台湾省中部和广东省。又称台广枇杷、山枇杷、赤叶枇杷。为常绿小乔木,树高7米以上,枝干粗壮,棕黄色,叶片集生在小枝顶端,卵状长圆形,长9~10厘米,叶边缘微向外卷,具有钝锯齿,叶片较薄,赤色,背面密被锈色绒毛,有"赤色枇杷"之称。春天开花,圆锥花序顶生,长7厘米以上,花为白色,长1.65厘米,果实10月成熟,似球形较小,无毛,味甜汁多,可鲜食,有治疗热病之效果。该品种生长在山坡、山谷阔叶林中,耐寒能力较弱。在广东、广西、福建、台湾、海南等地用作枇杷砧木。

3. 栎叶枇杷

别名苦樱桃、红籽。常绿小乔木,株高7米以上,小枝灰褐色,幼枝被绒毛,后自脱无毛。叶为革质长圆形(或椭圆形),长7~15厘米。果呈卵圆形,色暗褐,直径6~7厘米,果实味苦涩。每果有种子1~2粒,该品种多生于河边、溪边或湿润密林中,种子可繁殖作枇杷嫁接育苗砧木,因嫁接的亲和力比较好。

4. 大渡河枇杷

别名大红籽。常绿小乔木,株高10米左右,华中农业大学章恢志教授在20世纪80年代发现了栎叶枇杷这一新变种。其种类位置处于栎叶枇杷和普通枇杷之间,可能是普通枇杷的始祖植物。小枝为绿色至黄褐色。叶长10~24厘米,表面光亮。叶缘多为锯齿状。圆锥花序顶生,花较大,其直径1.5~2厘米,花梗被锈色绒毛。果实直径2~3厘米,色为黄或橙黄,果味苦而酸,果内有种子1~3个,耐寒抗病虫能力强,在4~5月份成熟。分布在四川省石棉、汉源等地。该品种与普通枇杷一样均用作砧木,嫁接亲和力好,具有进行枇杷抗性育种研究的潜在价值。

5. 大花枇杷

别名山枇杷。常绿小乔木,树高4~10米,产在长江流域以南各省区。枝干粗壮,棕黄色,无绒毛,叶片集生于枝顶,长圆披针形,长7~8厘米,两面无毛,叶缘反卷,边缘具钝锯齿,叶基全缘。春季开花,花径1.5~2.5厘米,圆锥花序顶生,色白。果实大,椭圆形或圆形,直径1~1.5厘米,果橘红,果味酸甜。可鲜食和用作酿酒原料。

6. 南亚枇杷

别名光叶枇杷,原产于中国云南省南部及印度北部。常绿乔木,株高10米以上,叶片椭圆形、倒卵状披针形,长10~20厘米,先端渐尖,边缘具深刻尖锐锯齿。叶面光亮,两面无毛,花成展开的圆锥花序,花较大,长和宽均为8~12厘米,花瓣白色,长4~5厘米,花有山楂味,有2个花柱,5月份开花,7~8月份果实成熟,卵圆形,果较小,直径1~1.5厘米,每果内种子1~2个,含糖10%左右,可鲜食或作酿酒原料。该品种生长在亚热带常绿阔叶林和山坡杂林中。

三、枇杷品种分类

枇杷在中国栽培历史悠久,分布地域广阔。长期在不同生态条件下生长发育,形成了不同的适应性,又由于在生产实践中长期人工定向选择,形成了众多的优良品种、株系和单株。从统计资料看,全国具有代表性的枇杷栽培品种约350个,国内许多果树专家学者进行过很多研究。1960年,曾勉教授在主持全国枇杷研究工作现场会上的论文中提出,区别枇杷品种的主要标志以果肉颜色,分为白肉、红肉、黄肉,依果型分为圆形、卵圆形和扁圆形。1984年,吴耕民教授在《中国温带果树分类学》中提出枇杷分类方法,按果实肉色和形状分类者为最多,在栽培上,依果实成熟的早晚,分为早熟种、中熟种和晚熟种。1987年,章恢志教授在《中国果树栽培学》中提出了枇杷品种应按生态进行分类。因此,概括起来枇杷分类有生态型分类、果肉色泽分类、果形分类、用途分类、成熟期分类、进化程度分类和数量分类等,共有7种分类方式。关于我国枇杷品种的分类,根据分类标准的不同,一般常用的分类方法是有生态类型、果肉类型、果型类型和成熟类型等4种。

1. 按生态类型分类

这是章恢志教授在《中国果树栽培学》(1987)中提出的枇杷生态分类观点。

(1)温带型品种:耐寒性较强,适合在我国北亚热带,部分暖温带稍有霜雪的地区栽植该品种。树叶和果实均表现较小(由于木质坚硬,生长缓慢,抽穗开花期长,开花参差不齐而使果小)。常见的品种有:江西杨梅洲4号,江苏照种白沙、青种,浙江大红袍、洛阳青,武汉华宝2号,安徽光荣,日本茂木、田中等。这些品种引到中亚热带和南亚热带地区栽培,同样大多会很好的开花结果。如日本的茂木、田中已成为我国台湾省的主栽枇杷品种。

(2)热带型品种:耐寒性较弱,适合在少霜雪的中、南亚热带边缘地区种植。表现叶大,果大,生长较快,花期基本一致。如福建解放钟、白梨、梅花霞、长红3号、早种6号、香钟11号、广东大圆种等。这些品种若在北亚热带和温带地区种植,易受冻害。如江西省赣南的会昌县、龙南县栽植早钟6号开花结果良好,在赣中栽植则受冻害,赣北冻害较严重。

2. 按果肉类型分类

这是曾勉教授1960年在江苏主持全国枇杷研究工作现场会上提出的分类标准,确定区别枇杷品种分类的主要标志为果肉颜色,分为白肉、红肉、黄肉三类。但对黄色较难掌握,只分成红、白两大类。

(1)红肉品种:果肉橙黄至橙红色(包括橙红、浓橙黄和淡橙黄等)。肉质紧密,酸甜适度,风味独特,果皮韧厚,较耐贮运。树势中等或偏强,抗逆性好,特别是抗寒性强。果实既可鲜食又能加工。对红肉类品种的界定国内果树专家提出,以江苏"青种"枇杷肉的颜色为标准,如肉色深于青种即是红肉类,肉色相当或浅于青种则为白肉类。常见的红肉枇杷品种如余杭大红袍,黄岩洛阳青,安徽歙县大红袍,江西杨梅洲4号,福建莆田梅花霞、坂红,武汉华宝3号,成都龙泉驿大五星、龙泉1号,四川纳溪县早红1号、早红3号以及太城4号,福建的解放钟、早钟6号等。

(2)白肉品种:白肉类枇杷是我国特有的一个种质资源。果肉颜色呈乳白或淡黄和淡橙黄。肉质细嫩,多汁味甜,果实以鲜食为主,不宜加工。该品种树势中等偏弱,抗寒能力较红肉品种差,果皮较薄,不耐贮运,产量不高,不易管理,生产上难以形成规模化种植。如江苏吴县白玉、照种白沙,浙江余杭软条白沙,江西珠珞白沙、四川纳溪早白沙、福建莆田白梨、乌躬白以及冠玉、青种、宁海白、白茂木、大圆种等。

3. 按果实形状分类

1984年,吴耕民教授在《中国温带果树分类学》中论述枇杷品种分类方法时指出,按果实肉色和形状分类者为最多。

(1)长形品种:果实纵径明显大于横径,包括椭圆形、长倒卵形、长梨形,故有牛奶种之称。这类品种的每个果实内种核较少,通常只有一个核,可食率极高。如福建长红3号、乌躬白、浙江大夹脚、黄岩花鼓筒和日本的引进品种茂木。

(2)圆形品种:果实的纵径与横径大约相等,成圆形或近圆形。这类品种果实内含种核较多(2~4个)。如浙江大红袍、软条白沙、福建白梨、解放种、成都龙泉驿大五星、四川纳溪早红1号、早红2号和引进日本的品种田中等。

(3)扁圆形品种:果实的横径明显大于纵径。这类品种内含核更多,果肉薄,可食率较低。代表品种有江苏早黄、荸荠种、福建算盘只,浙江彭种,还有霸红、皖泊等。

4. 按果实成熟期分类

吴耕民教授(1984年)提出了在栽培上依果实成熟的早晚进行枇杷品种分类的方法。由于我国适合栽培枇杷的地域广阔,各地的气候、土壤等条件差异而使成熟期不一致,每年2~6月份枇杷果实自南至北陆续成熟上市,就在同一地区栽植的同一品种,成熟期亦有早晚之别,故在栽培上可依次进行品种分类。

(1)早熟品种:指在当地相同栽培方式的条件下,最先成熟的品种。如浙江的头早、二早、福建莆田的早红蜜,四川纳溪的早红1号、早红3号,日本的引进种森尾早生等。

(2)中熟品种:是比早熟种迟10天左右成熟的品种。如浙江的大红袍、夹脚、四川纳溪的金丰、黄肉,成都龙泉驿区的大五星、龙泉1号、龙泉5号及白梨、乌躬白等。

(3)晚熟品种:即比中熟品种晚10～15天左右成熟的品种。如浙江的青碧,福建的大钟、解放钟,黄岩的光明,江西的杨梅洲4号,成都龙泉驿区的晚五星,日本引进的田中、茂木等。

四、国内主栽枇杷良种

现将目前国内已经利用和有开发前途的优良枇杷品种介绍如下。

(一)大果优良枇杷品种

大果型枇杷良种标准:果实个头大,果皮色泽鲜艳,果肉细嫩多汁,果内种核较少,果实酸甜适口,能耐贮运,丰产稳产,抗逆性强等,具备上述条件则为大果优良品种。

1. 浙江大红袍

浙江余杭塘栖的主栽品种。树势强健,枝条开张,树冠呈圆头形,叶片大小中等,呈长椭圆形,叶片较厚,叶肉微皱,叶缘上部有锯齿,下部全缘。花穗较大,平均着花75朵。果实正圆或扁圆形,单果重达39克,大的单果重70克以上,果实大小匀称,果色橙红,有果粉,长茸毛,果皮韧而厚,易剥离。果肉厚,色橙黄,质粗而致蜜,汁液一般,味甜,酸度偏低,可溶性固形物含量12.8%,可食率高达75%,果内有种子2～3粒。在当地成熟期6月上中旬。

该品种产量高,果大外观美,抗逆性强,耐贮运,既可鲜食又能加工罐头。

2. 白玉

来自江苏吴县洞庭东山。树势强健,生长旺盛,枝条粗壮褐色。果实椭圆形,顶平基部钝圆。果色淡黄,果皮上多有白色圆形斑点,果肉颜色清白,汁多细腻,风味清香,品质最佳。可溶性固形物含量13.3%,可食率71%,单果平均重33克,最大重达36克。果实成熟期在当地为5~6月初。

该品种果形较大,成熟较早,丰产性好,无明显大小年,抗旱性强,不易裂果。

3. 洛阳青

是浙江黄岩主栽品种,占当地栽培面积的85%以上。树势强健,树冠开张,成年树喜光,抗逆性强。叶为椭圆形。在黄岩种植于12月中旬盛花,每个花穗平均有花67朵左右,支轴下垂。果实倒卵形,单果重30~40克,果皮颜色呈黄色,果肉橙黄色。成熟期在当地5月下旬至6月上旬,果实采收时萼、果顶萼片仍带青色,果皮厚韧。果肉粗硬,酸甜适度,可溶性固形物含量9.5%,果实内平均有种子2.6粒。

该品种早期丰产性好(幼树结果早),抗性强,如抗旱抗涝,抗叶斑病、日烧病,且裂果少,果实整齐,外观漂亮,色泽鲜艳,商品价值高,能耐贮运。

4. 红灯笼

来自四川成都龙泉驿区。树势中庸,树姿直立。果实卵圆形或近似圆形,果皮橙红色,果面没有或极少有锈斑,果粉中厚,外观鲜艳美观。果肉颜色橙红,果肉厚度平均1.2厘米,肉质细嫩,汁液特多,风味独特,可溶性固形物含量13.5%,糖多味甜,可食率76%,成熟期在当地6月上旬。

该品种容易成花,丰产性好,抗旱能力强,是一个极晚熟的枇杷良种。

5. 夹脚

是浙江余杭地区主栽品种之一。树势强健,树姿直立,中心干与主枝所成的角度较小,树冠成杯状形,叶片中等大,叶缘上部有疏锯齿,下部全缘,叶片有皱,颜色浓绿。花穗下垂,藏于叶腋间,每个花穗着花 85 朵。果实歪斜卵形或椭圆形,单果平均重达 33 克,最重单果 44 克,果面呈麦秆黄色,果肉颜色淡橙黄,肉质细嫩,汁液极多,酸甜适度,风味较浓。可溶性固形物含量 11.5%,可食率 75.4%,每果内平均有种子 2.5 粒,在当地每年 6 月上旬成熟。

该品种丰产期长,果大略酸,抗性强,鲜食差,但却是最好的加工原料。

6. 香钟 11 号

为福建省农科院培育而成。树势中庸,树冠开张,枝梢粗壮,节间较短,树叶茂密,叶色浓绿。果实倒卵形至短卵形,果皮橙红色,锈斑少,果粉多,鲜艳美观。果皮厚,易剥离,耐贮运。果肉厚度 0.92 厘米,颜色橙红,肉质细嫩化渣,香气浓,风味正,口感好。可溶性固形物含量达 11.2%,酸量为 0.19%,维生素含量为 52 微克/克。果实内平均有种子 4.1 粒。可食率 68.8%,单果平均重 57.5 克,最大单果重量超过 100 克。

该品种坐果率高,丰产性好,抗逆性强,是一个综合性状优良的中晚熟品种,为目前红肉品种中品质最好的浓香大果型枇杷品种。

7. 富阳种

来源于江苏吴县光福乡,是当地主栽品种。树势强健,树冠圆头形,枝条长而软,树形开张整齐,叶片较大,叶缘锯齿宽且明显。花穗疏松,果实圆球形,单果重30克左右,果面果肉橙红色,果皮多有绒毛,斑点明显,皮薄容易剥离,果肉致密细腻,汁多味甜,含总糖量为0.57%,每果有种子3~6粒。

该品种生长快,寿命长,产量高,丰产性好。耐冻害,裂果少,果实均匀,是鲜食、罐藏的优良品种。

8. 长红3号

是由福建省农业科学院果树研究所于1976年在主栽品种长红枇杷实生树中选育而成。树势强健,新梢粗壮,发枝力中等。果实长卵圆形或卵圆形,果皮果肉淡橙黄色,果面锈斑少,果皮易剥离,果肉细腻,汁液中等,可溶性固形物含量8%~10%,含酸量0.37%,味清甜,种子半圆形或三角形,每果内平均有种子3.65粒,单果重达40~50克,最大果重70~80克,可食率达71.8%。

该品种树体抗性强,丰产稳产性好,日烧果、皱缩果、裂皮果等病果少。鲜食、制罐均可。结果过多容易早衰,口感稍淡。

9. 太城4号

是由福建省农业科学院果树研究所、莆田地区农业局、福清县太城农场等单位协作,从实生树中选出。树势强健,树枝粗实密生。叶片长椭圆形,叶色淡绿,叶缘锯齿不明显。花穗大,花数多。果实倒卵形,单果平均重45.4克,果顶平,果基尖削,果皮果肉均为橙红色,果糖多,果皮易剥离,果肉特别厚,肉质致密,汁多化渣,纤维少,风味浓,含可溶性固形物10%,可食率达74.1%,果实内平均有种子1.34粒,独核果率达84.2%。在当地成熟期为每年5月上旬。

该品种丰产稳产性好,抗性能力强,裂果和日烧果较少,果大而皮厚,颜色鲜艳,品质极佳,果型端正,宜鲜食和加工罐头。

10. 茂木

日本引进品种。树势强健，发育旺盛，树形直立，进入生长盛期后逐渐开张，枝条较多。果实长倒卵形，单果重 40~50 克，最大果重 60~70 克，果皮橙黄色，果粉灰白色，果皮较厚，容易剥离。果肉橙红，肉厚多汁，可溶性固形物含量为 11%，果肉细嫩，甜多酸少，品质优良。果内平均有种子 2~3 粒，可食率达 75% 左右。在台湾省种植每年 3 月中旬至 4 月上旬成熟采收上市，在日本每年 5 月下旬至 6 月上旬成熟。

该品种丰产稳产，坐果率高，果肉厚甜，适合在肥沃土壤中栽培。

11. 华宝 2 号

是华中农业大学章恢志教授在引入浙江余杭五儿白沙品种实生繁殖后代中选出。树势强健，树姿半开张，叶片长椭圆形，果实椭圆形或近圆形，单果重 38 克，最大单果重 45 克，果梗粗长，萼片大小中等，抱合。果面橙黄色，绒毛中等，果皮较薄，容易剥离。果肉橙黄色，果肉较厚，肉质细腻多汁，甜中带微酸，可溶性固形物含量 13.5%，可食率 72%，每果内平均有种子 2.6 粒，在武汉栽培于 5 月下旬至 6 月上旬成熟。果实大小中等，色泽艳丽。

该品种风味独特，花期晚，幼果前期发育迟，能避过严寒，丰产稳产。自花结实率不高，栽植时要配置授粉树，并提高果园的肥水管理。

12. 田中

日本引进品种。树势旺盛，树姿开张，枝条较多，树冠圆头形。果实大，倒卵形，横剖面为五角棱形。果表面、果肉颜色均为橙红，果皮有果粉，果皮薄，难剥离，耐贮运。果肉薄，肉质粗，果汁多，果味酸,可溶性固形物含量11%。种子卵圆或三角形,棕褐色,单果重70~90克,最大单果重量达165克。在台湾地区栽培3月中旬至4月下旬成熟,福州为5月上旬成熟。

该品种为晚熟品种,能耐寒,丰产稳产,果实外观漂亮,但果实肉薄质粗,含酸量高,退酸迟,应注意适时采收。

13. 泸州6号

是四川省泸州市纳溪县农牧渔业局农技站于1986年在茂木枇杷实生园中选出。为当地的主栽品种之一。树势强健,树冠较开张圆头型。萌芽率和成枝力强,分枝多而紧凑,枝条节间较短。叶片大小中等,长椭圆形,叶肉较厚,叶面不平整,叶缘有钝状锯齿,分布在先端,基部全缘,花穗圆锥形,较紧密,基部的小枝轴呈下垂或倒钩状。每穗平均有花78.3朵。果实卵圆形,单果平均重46.7~58.5克,最大单果重达100.1克。果顶平广,基部钝圆,果面绒毛短而密,淡棕色,果面无锈斑,果皮橙黄色,果皮薄易剥离,果肉深橙黄色,细嫩多汁,口感好,稍带微酸,香甜味佳。可溶性固形物含量为11%~13.5%,最高达20%,可食率达75%~79.3%,果实内有种子平均达2.2粒。

该品种在当地于5月中旬成熟,是晚熟丰产优良种,宜鲜食,加工制罐。

14. 朝宝

来自安徽省。树势强健,生长旺盛,枝条较密,多为斜生,果实卵圆形,顶部平广,基部渐尖。果面橙黄色,斑点大而明显,果皮厚有锈斑,不易剥离。果肉厚,橙黄色,肉质稍粗。可溶性固形物含量11%,每果平均有种子4粒,种为长扁圆形,黄褐色。在当地种植的成熟期为5月下旬,较耐粗放的栽培管理。

该品种耐寒,产量高,果实耐贮运,在生产上大小年结果明显。

15. 龙泉 1 号

是成都市龙泉驿区从实生树中选育而成。果实卵圆形,平均单果重 58.31 克,最大单果重达 105 克。果面橙红色,果肉厚颜色橙红,果皮薄易剥离,风味好,酸甜适度,果肉质地细嫩,可溶性固形物含量达 11.9%,可食率为 70.85%,每果内平均有种子 4.4 粒。在当地栽培的成熟期为 5 月上中旬。

该品种丰产性好,适应性强,是四川省近年推广的主栽品种之一。

16. 杨梅洲 4 号

是江西省安义县农业局和安义县枇杷研究所于 1986 年从当地普通枇杷实生树中选育而成。树体长势较强,5 年生树高 180 厘米,树冠径达 185 厘米。果实圆球形或椭圆形。单果平均重达 38.8 克,最大单果重 54.5 克,果实大小匀称。果皮橙红色,果粉较多,果皮薄易剥离。果肉橙黄色,果肉厚 0.84 厘米,肉质细嫩,汁多味甜有微香,可食率 63.9%,可溶性固形物含量为 11.7%。果内种子较少,每果平均有 2.6 粒。果实品质上等,鲜食、加工皆宜。在安义县当地栽培 10 月下旬花芽萌动,11 月上中旬至翌年 1 月上旬开花,5 月中下旬果实成熟。

该品种定植后结果早,5 年生树龄单株平均鲜果产量 23.3 千克。抗日烧病,发病率只有 1%~2%。

17. 解放种

是福建省莆田市城关镇,1949 年从大钟枇杷实生变异中选育而成。母树在 1949 年开始结果,果形似钟故名解放钟。福建省各地均有栽培,成为当地主栽品种。江西、广东、广西、四川引种栽培后,一直表现良好。树势强健,枝梢粗壮,树姿直立。叶片较大,春叶平均长40.5厘米,宽14.2厘米,复叶略小,叶色浓绿光亮。10月下旬花芽萌动,11月上中旬至翌年1月份开花。果实卵圆形或倒卵圆形,单果重61克,最大单果重172克。果皮橙红色,果皮厚度中等,果粉多,锈斑少,易剥离。果肉浅橙红色,果肉厚0.94厘米,肉质致密。汁液较多,甜酸适度,风味浓郁,可食率71.46%,可溶性固性物含量11.5%,酸含量0.51%。每果平均有种子5粒,果实耐贮运,品质上等。

该品种在福建种植的成熟期是5月上中旬,江西中部为6月上旬,丰产性强。注意预防少量日烧病、裂果病,果肉稍粗,退酸期晚,未成熟果偏酸,可供鲜食、加工。

18. 早钟6号

是福建省农业科学院果树研究所于1981年用解放钟为母本,日本枇杷良种森尾早生为父本,通过杂交选育而成。1998年,福建省农作物品种审定委员会审定。2000年,获福建省科技进步一等奖。目前是福建省栽培面积最大的枇杷品种之一。江西省龙南县和会昌县引种栽培后,表现良好。广西南宁市明阳农场引种该品种,表现成熟早(3月中旬采收上市),产量高(667平方米面积产鲜果3 000千克),抗病虫能力强(病虫害很少)。树势强健,树姿直立。叶片大而厚,叶色浓绿。在当地种植9月中旬花芽萌动。9月下旬开花,11月中旬盛花,12月上旬终花。果实例卵圆形或梨形,单果重52.7克,最大单果重100克。果皮橙红色,鲜艳美观,锈斑少,果皮厚度中等,容易剥离。果肉橙红色,肉厚0.89厘米,肉质细嫩化渣,甜多酸少,香气浓。可食率69%,可溶性固形物含量12%,含酸量0.26%,每果内平均有种子4粒。果实品质极上等。在福建种植(福州地区)的成熟期为4月上旬,江西省会昌、龙南等县和四川种植的成熟期是在4月下旬。

该品种丰产性能好,成年树单产鲜果25千克以上,大小年结果现象不明显,新梢和幼果防虫时使用敌百虫药剂敏感,应防止药害。叶片、开花、幼果的抗寒力较低,容易受冻害。

19. 安徽大红袍

由安徽省歙县绵潭村汪长才从浙江塘栖引种的实生枇杷树中选育而成。又名五星枇杷、大红花枇杷,是当地主栽品种,广为种植。树势较强,分枝较稀,枝粗而软。10月上旬花芽萌动,10月下旬至翌年1月上旬开花。果实圆形,单果重45.5克,最大单果重100克以上,果顶平广,萼片开张,呈五角点状。果皮浓橙红色,厚度中等,果粉多,有白色斑点。果肉橙红色,肉厚1.1厘米,肉质稍粗,汁液较多,浓甜而略带微酸,有香气。果实可食率70%,可溶性固形物含量11.5%。果实内有种子平均每果4.2粒,果实耐贮运,品质上等,鲜食、加工兼用。

该品种成熟期在当地栽培为5月下旬至6月上旬。丰产性强。20~30年树龄的果树单株鲜果产量可达200~250千克。抗寒抗旱能力强,但易发日烧病和炭疽病,应注意防治。

20. 大五星

由四川省成都市龙泉驿区于1980年从普通枇杷实生变异种中选育而成。原名龙泉14号,在1994年和1996年,被评为四川省和成都市的优良果品,1999年获昆明世界园艺博览会银奖。近年在四川省栽培面积较大。树势中庸,树姿开张,层形明显。幼龄树每年抽梢3~4次,以夏梢结果为主。成年树每年抽梢2~3次,以春梢结果为主。6~9月花芽分化期,成花易,花量大,自花结实率20%。9月中下旬花芽萌动,10月上旬至翌年1月开花,花期3个多月,果实5月中下旬成熟。果实圆形或卵圆形,果顶萼洼处呈五角星形,故名大五星。果实大,单果重62克,最大单果重达100克,果皮桃红色,果皮较厚,容易剥离。果肉橙红色,厚度0.96

厘米,肉质细嫩,汁液较多,风味浓郁,甜多酸少。果实可食率73%,可溶性固形物含量11.5%,酸含量0.39%。果内平均有种子1~3粒。果实耐贮性较差,常温下可贮5~6天。果实品质极上等。

该品种早结丰产性能好,嫁接苗定植后3年投产,第四年后亩产鲜果1 000千克以上。据龙泉园艺所资料介绍大五星枇杷适应性广,耐寒性强,在年平均气温13℃以上,最低气温-6℃地区,均可成功栽植。现在北至陕西汉中,南至海南省等广大区域,均已引种,且一直表现良好,丰产稳产性强。果实鲜食、加工皆宜。但易感染叶斑病,出现早期落叶,应在栽培上加强肥水管理,及早预防叶斑病,定植时果园要配置授粉树,以利提高着果率。

21. 大钟

是福建省莆田市城关宋庆二在100多年前从普通实生枇杷中选育而成。大钟枇杷在莆田是百年以上的传统品种,果实形状如钟故名大钟。原为当地主栽品种,现已逐渐由解放钟所取代。树势中庸,枝多密生,树姿开张。叶缘反转外卷明显,状如小船,俗称"溪船底",故为本品种的显著特性,9月下旬花芽萌动,10月中旬至12月开花。果实倒卵圆形,单果重平均为51.5克,最大单果重79克。果皮浅橙红色,果皮厚度中等,有锈斑,果粉多,剥皮稍难。果肉橙黄色,果肉厚度0.85厘米,肉质致密,汁液量中等,酸甜适度,风味浓,可食率70.9%,可溶性固形物含量11%,酸含量0.65%。果实内有种子平均达5~8粒(是种子含量较多的品种),果实耐贮运,品质中上等,鲜食加工均可。

该品种果实成熟期在福建莆田为5月中旬,江西安义县为6月上旬成熟。丰产性能较强,但易发生裂果,需采用套袋方法减少裂果损失。防止叶斑病发生而引起落叶现象。在栽培措施上要加强果园肥水管理。

22. 冠玉

是江苏省吴县果树研究所于1983年从吴县东山白沙枇杷实生树中选育而成。1995年通过江苏省农作物品种审定委员会审定，并定名为冠玉。现已在江苏、上海、浙江等地区推广种植。树势生长强健，在江苏吴县栽培一年抽发3次新梢。春梢于3月上旬至4月初抽生，夏梢是5月下旬至6月上旬抽生，秋梢为8月中旬至9月抽发。夏梢是主要结果枝，是构成产量的主梢。内膛春梢也可直接成为开花结果母枝。10月下旬花芽萌动，11月上中旬至12月下旬开花，果实成熟期在当地为6月上旬。果实椭圆形或圆形，单果平均重43.4～61.5克，最大单果重70克。果皮淡黄色，果皮中等厚，有韧性，易剥离。果肉白色至淡黄色。果肉厚度1厘米，肉质细嫩化渣，汁液多，酸甜适度，有香气。可食率66.2%～71.2%，可溶性固形物含量13.4%，果内种子较多，每果平均有3.5粒。果实耐贮运，在常温条件下可贮藏15天，好果率达98%以上，且仍能保持鲜果风味。果实品质极上等。

该品种丰产性能好，18年生母树单株平均鲜果产量达57.9克。植株耐寒性强，在-7.1～-9℃枇杷花和幼果的冻害率只有47.5%，较对照品种软条白沙为78.2%的冻害损失少30.7%。果实鲜食、加工兼用。

23. 华宝7号

华中农业大学从引自江苏省吴县荸荠枇杷品种实生树中选育而成。树势较强，树枝半开张。从采果痕处易抽发结果枝。10月上旬花芽萌动，10月底至12月中旬开花，果实于5月下旬成熟。果实卵圆形，单果平均重34.9克，最大单果重50克。果皮橙黄色，果皮厚易剥离。果肉橙黄色，果肉厚0.8厘米，肉质较韧稍粗，汁液多，甜酸适度，风味浓。果实可食率63.6%，可溶性固形物含量12%,果实内种子含量较多,每果达4粒。果实耐贮运,品质上等。

该品种早果性能强,进入盛果期后,丰产稳产。果实不仅鲜食好,加工制罐尤佳。但受低温危害后,果皮容易生锈斑,由于果实的外观锈斑多而会影响商品价值,应采用套袋栽培措施,可减轻损失。

24. 芙蓉黄皮

为江西省赣县茅店乡地方品种。树势强健,枝梢粗壮,树枝开张。10月中旬花芽萌动,11月上旬至翌年1月上旬开花,果实在6月上旬成熟。果实倒卵圆形,单果重30克,最大单果重40克,果皮淡橙黄色,果皮较厚,容易剥离。果内淡黄色,果肉较厚,肉质细嫩,酸甜适度,有微香。汁液多,可溶性固形物含量达12.8%,果内种子较少,每果平均2.5粒。果实品质中上等,适宜鲜食和加工。

该品种丰产稳产,成年树单株产量130~150千克,抗逆性强。

25. 坂红

由福建省农业科学院果树研究所与莆田市华亭乡万坂村于1975年共同选育而成。树势较强,幼枝红褐色,节间短,枝叶较密集,树姿开张。10月上旬花芽萌动,10月下旬至12月份开花,果实在当地5月中旬成熟。果实卵圆形或近圆形,单果重35~40克。果皮橙红色,果肉较厚,肉质细腻,汁液多,甜多酸少。可溶性固形物含量11.3%,酸含量0.29%。果实不耐贮运。果实品质上等,鲜食、加工兼用。

该品种丰产性能强,裂果、皱果、日烧果和锈果等生理病害不易发生,还抗叶斑病和耐湿。

26. 宁海白

是浙江省宁海县于1993年从白砂枇杷变异单株中选育而成，原名白荔枝。2001年获浙江省优质农产品称号。浙江省林业局批准将"宁海白"枇杷示范基地列为全县林业特色基地。由此，成为宁海县及周边县、市推广种植的枇杷品种。树势较强，枝条粗壮，树姿开张。10月下旬花芽萌动，11～12月份开花，果实于5月下旬至6月上旬成熟。果实椭圆形或圆形，单果平均重达52.5克。果皮淡黄色，果皮较厚，容易剥离。果肉乳白色或黄白色，果肉较厚，肉质细嫩，汁液较多，甜酸适度。果实可食率达73.6％，可溶性固形物含量12％以上。每果内平均有种子4粒，品质上等。

该品种丰产性能较好，抗寒能力较强。

27. 光荣

是安徽省歙县漳潭乡农民张光荣，从大红袍枇杷实生树中选育而成，故名"光荣"。是歙县枇杷的主要栽培品种之一。树势强健，枝条粗壮紊乱，树姿开张。10月下旬花芽萌动，11月上旬至12月份开花，果实5月下旬成熟。果实卵圆形，单果重45克，最大单果重80克。果皮橙黄色，果皮较厚，容易剥离，斑点密而明显。果肉橙黄色，果肉厚度0.93厘米，肉质较粗，但柔软多汁，味甜带微酸，有香气。果实可食率69％，可溶性固形物含量10％，酸含量0.44％，果内种子较多，每果平均4粒，果实耐贮运。品质中上等，鲜食、加工兼用。

该品种进入盛果期较迟，丰产性能较强，大小年结果现象不明显，树体比较抗寒抗旱。

28. 霸红

是江苏省扬中县新坝乡新安村于1955年在枇杷实生苗中选育而成。1985年被评为江苏省枇杷良种第6名,同年通过鉴定并命名为"霸红"。树势较强,发枝力中等,枝条较粗,树姿开张。春梢是主要的结果枝。11月上旬花芽萌动,11月中旬至翌年1月上旬开花,果实在当地6月上旬成熟。果实圆球形或扁圆形,单果平均重31.5克,最大单果重40克。果皮橙红色,皮厚较韧,锈斑少许,皮易剥离。果肉橙红色,果肉厚度0.9厘米,肉质细嫩,汁液较多,风味浓甜,具有香气。果实可食率65.6%,可溶性固形物含量11.7%。果内种子较多,每果平均4.5粒,果实耐贮运性强,品质上等,最适合鲜食和加工罐头。

该品种丰产性能稳定,树体抗寒性特强。1977年初,当地出现大冻害天气,最低气温为-11.3℃,其他枇杷园因冻害没有了收成,而霸红枇杷却没有受到大的冻害,当年仍照常结果,单株产鲜果100千克。

29. 木瓜枇杷

是湖南省沅江县首建乡的地方品种。树势较强,枝梢粗壮,树姿开张。10月下旬花芽萌动,11月上旬至12月上旬开花,果实于5月下旬至6月下旬成熟。果实梨形或牛奶形,以牛奶枇杷相似。单果平均重52克。果实纵横径分别为4.66厘米和3.95厘米。果皮橙黄色,果皮较厚。果肉浅橙黄色,果肉厚而质地柔软,汁液较多,味甜稍带微酸,有香气。可食率70%,可溶性固形物含量9%,酸含量0.58%。果内种子较少,每果平均2.6粒。果实品质中等,宜鲜食。

该品种较丰产,成熟期如遇强裂阳光照射,易发日烧病,影响果实品质和产量。

30. 龙泉 6 号

由成都市龙泉驿区,1980 年从普通枇杷实生树中选育而成。树势强健,枝梢较粗,树枝开张。10 月中旬花芽萌动,10 月下旬至 12 月下旬开花,果实 5 月中旬成熟。果实圆形,单果平均 49.6 克,最大单要重 100 克。果皮橙红色,皮厚易剥离。果肉橙红色,果肉厚度 0.88 厘米,肉质细嫩,风味浓甜,可食率 68.8%,可溶性固形物含量 13.8%,果内种子较多,每果平均达 4 粒,品质上等,鲜食、加工皆宜。

该品种早果、丰产等性能强,进入盛果期后产量稳定,抗叶斑病和裂果病较强。

31. 早红 1 号

是由四川省纳溪县农业局果技站于 1990 年从普通枇杷实生树中选育而成。树势强健,成枝力强,树姿开张,幼树枝条粗长,结果后枝条增粗,有下垂特性。10 月上旬花芽萌动,10 月下旬至 12 月份开花,果实在当地 4 月下旬成熟,是纳溪县最早成熟的枇杷品种。果实圆形,单果重平均为 31.5~38 克,最大单果重达 53 克。果皮橙红色,果皮较厚,锈斑少,易剥离。果肉橙红色,果肉较厚,肉质细嫩,汁液多,酸甜适度,风味浓郁。果实可食率 68.5%,可溶性固形物含量 10.5%~11.5%。果内种子较少,每果平均 2.8 粒,果实品质上等。

该品种坐果率高,丰产稳产。抗叶斑病、裂果病和日烧病。

32. 泸州 8 号

是四川省纳溪县农业局于 1986 年引进的日本茂木枇杷实生树中选育而成。树势强健,主干红褐色,枝条粗长,着生较密,节间稍长,幼树树姿直立,进入盛果期后渐次开张。10 月上中旬花芽萌动,11月上旬至翌年1月上旬开花,果实于5月上旬成熟。果实梨形或长倒卵圆形,单果平均重43.5~56.7克。果皮橙黄色,果皮较厚,果粉灰白色,果皮易剥离。果肉橙黄色,果肉厚度0.6厘米,肉质柔软,汁液多,酸甜适度。果实可食率75.5%,可溶性固形物含量10%~11.8%。果内种子较少,每果平均1.7粒,单核果率占45%。果实耐贮运,品质中上等,鲜食、制罐皆宜。

该品种坐果率高,丰产稳产,抗逆性强,不裂果,但有时会出现少量日烧病果。

33. 东湖早

是由福建省连江县东湖镇江新官从普通枇杷实生变异种中选育而成。1998年通过省、市果树专家鉴定。树势较强,枝条粗壮,层形明显,树姿开张。一年内幼龄树抽生4~5次新梢,成年树一年春、夏、秋抽生三次新梢。春梢在2月下旬至3月下旬抽生,夏梢在4月下旬至5月上旬抽生,秋梢在8月上旬抽生,有时冬梢于11月上旬抽生。春梢和春延夏梢及夏梢,都可成为结果枝。成年结果树以夏梢为主要结果枝。9月上旬花芽萌动,9月中旬现蕾,10月下旬花蕾露白。初花期在10月下旬至11月上旬,盛花期11月中下旬,终花期12月中旬。单花穗从始花到终花历时10~25天,单株果树从始花到终花历时36~64天。在福建省连江县果实3月上旬着色,3月下旬至4月上旬成熟。果实近圆形,单果平均重59.2克,最大单果重110克。果皮橙红色,果皮较厚,锈斑少,易剥离。果肉橙红色,果肉厚度0.44厘米,肉质细嫩化渣,味清甜。果实可食率为71.5%,可溶性固形物含量9%~11%,含糖量7.6%,酸含量0.36%,果实品质上等,适合于鲜食和加工制罐。

该品种早果性好,3年生嫁接树单株产量18.9千克,最高单株鲜果产量26.24千克。成年果树大小年结果现象不明显。较抗叶斑病,但在潮湿地段易患脚腐病,建园时应选择地势较高的干爽地,可减少病害。

34. 晚钟 518

是福建省于 1992 年从普通枇杷实生树中选育而成。通过福建省和福州市果树专家鉴定。已在广西、广东、四川等南方地区推广栽培。树势中庸,枝梢粗壮,树姿直立。9 月下旬花芽萌动,10 月中旬至翌年 1 月上旬开花。果实在当地 5 月中下旬成熟,比当地解放钟迟熟 20 多天,是最晚熟的枇杷优良品种。果实倒卵圆形,单果重 71~76 克。果皮橙红色,易剥离。果肉橙黄色或橙红色,果肉较厚,肉质致密,稍粗壮清脆,汁多化渣,酸甜适度,有微香,口感好。果实可食率平均为 73.8%~76%,可溶性固形物含量 10.4%。果实耐贮运,品质上等,鲜食和加工制罐皆宜。

该品种丰产性好,产量稳定,抗性较强。

在我国栽培的枇杷品种中,以上只选择了有代表性的 34 个优良品种。并对每个品种的来源、经济性状、生物学特性作了介绍。其他大果型的枇杷品种见表 3-2。

表 3-2 其他大果型枇杷品种

序号	品种名称	产地	果形	果重(克)	皮色	肉色	成熟期
1	大圆种	广东潮安	长卵形	52	橙黄	腊白	4 月中旬
2	黄花	安徽歙县	圆形	44	淡黄	黄白	5 月下旬
3	皖白	安徽歙县	扁圆形	32~45	橙黄	橙红	5 月下旬
4	青种	江苏吴县	圆形	42.8	淡橙黄	淡橙黄	6 月中旬
5	享清种	浙江乐清	圆形	41.5	橙黄	橙红	5 月下旬
6	霞钟	福建福清	椭圆形	50.0	橙红	橙红	5 月上旬
7	钟津 2 号	福建福州	卵圆形	40.0	橙红	橙红	5 月中旬
8	乌躬白	福建莆田	卵圆形	49.5~86.4	黄色	白色	4 月下旬
9	和车本	福建莆田	卵圆形	40.0	橙黄	橙黄	4 月下旬

续表

序号	品种名称	产地	果形	果重(克)	皮色	肉色	成熟期
10	梅花霞	福建莆田	卵圆形	36～40	橙红	橙红	4月下旬
11	雷公本	福建莆田	圆形	46.8	橙黄	橙黄	5月上旬
12	六四种	福建莆田	倒卵形	60.4	橙黄	橙黄	4月中旬
13	汤匙本	福建莆田	长倒卵形	42.3	橙黄	橙黄	4月下旬
14	鹅蛋	湖北阳新	倒卵形	43.0	橙黄	橙黄	5月中旬
15	酒坛	江西南康	倒卵形	33.7～40	橙黄	橙黄	5月中旬
16	龙泉5号	四川成都	卵圆形	53～57	橙红	橙红	5月中旬
17	泸州13号	四川泸县	长卵形	34～59	橙红	橙红	5月中旬

(二)普通枇杷优良品种

从各地主栽品种中选出一系列最适合栽培的普通枇杷良种23个加以介绍。

1. 照种

是江苏省吴县洞庭东山乡农民贺照山于1827年在实生白砂枇杷树中选育而成,又名照种白砂。为当地主栽品种,占栽培面积的80%以上。该品种有短柄照种和长柄照种及鹰爪照种三个。树势中庸偏强,枝多开张,节间短,分枝多,分布均匀,树冠圆头形略扁,生长繁茂,结果层厚密。叶大而厚,前端叶缘锯齿,后边叶为全缘,叶色深绿,皱褶明显。花序疏松,花穗总轴先端下垂,每穗有花72朵。果实圆球形或椭圆形,顶部平广,基部钝圆,有时呈五角形。果实大小匀称,单果重30克,果梗硬,果粉厚,果皮淡黄色,果皮薄韧,剥后的果皮易反卷。果肉淡黄白色,肉质细嫩,汁液较多。可溶性固形物含量13%～13.6%,酸含量0.46%,甜酸适度,果内有种子3～4粒。果实成熟期在当地为6月上旬,结果大小年不明显。

该品种生长快,产量高,果实整齐,风味好,不易裂果,耐贮运。开花期迟,能耐寒,果实细小,果肉较薄。

2. 单边种

浙江省黄岩地区的主栽品种之一。树势强健,叶片较厚,花穗平均有花119.4朵。果实椭圆形,单果平均重34克,果面一侧未充分发育,故称"单边"种。果实肉色清淡橙红,质软致密,汁液较多,甜酸适度,可溶性固形物含量8.62%,可食率64.3%,每果平均有种子1.4粒。在当地5月中旬成熟,适宜鲜食、加工。

该品种抗寒耐瘠,结果树大小年不明显,成熟较早,抗日烧病、裂果病。但树干易发生烂脚病。要注意果园排水,保持土壤干爽。

3. 白梨

来自福建莆田。树势中庸,树冠开张,枝条粗细中等,分枝较密。树冠圆头形,在当地栽植11月中下旬盛花,果实4月下旬成熟,果实圆形或椭圆形,果顶平广,基部钝圆,单果平均重31.8克。果皮淡黄色,果粉多,皮薄易剥离。果肉雪白,细嫩如梨,汁液较多,入口化渣,果肉厚度0.85厘米,可食率70.5%。可溶性固形物含量12%~14%,酸含量0.3%,清香味甜。果肉种子平均4.1粒。是福建省枇杷鲜食极品良种。

该品种丰产稳产,品质上乘,抗性较强,裂果病、皱缩果、日烧病都很少发生。但不耐贮运。如果实碰伤后破皮容易变黑。

4. 光明晚熟种

来自浙江黄岩。树势强健,树干稍粗,1~2年生枝比较粗壮硬实,枝密繁茂,叶披针形,叶肉微皱。花穗直立,穗基第一、第二支轴下垂,每穗平均有花64朵,果实长卵圆形,单果重31克,果面浓橙黄色,皮厚易剥离。果肉深橙红色,叶液较多。可溶性固形物含量达10.5%,果实可食率71%,甜酸适度,汁多味浓口感好。成熟期在当地为6月中下旬,比主栽品种晚10～15天。

该品种抗性强,丰产稳产,裂果病、日烧病发生少,花期长,坐果率高,可鲜食、加工、制成罐头皆宜。

5. 乌躬白

来自福建莆田。树势强健,树形开张,树姿直立,枝条稀疏粗壮,树冠平圆头形。果实卵圆形或圆形。果面黄色,果皮较薄,容易剥离。果肉乳白色,肉质细嫩,汁液较多,酸甜适度。可溶性固形物含量8.6%,酸含量0.21%,每果内平均有种子2.3粒,单果平均重49.5克,最大单果重86.5克,果实成熟期在当地4月底至5月初。

该品种丰产稳产,果实较大,耐贮耐运。抗逆性强,裂果病、日烧病、皱果病发生少。但风味逊于白梨品种。

6. 软条白沙

来自浙江余杭。又名软吊白沙、真白沙。也是以优质而闻名全国的一个古老品种。树势中庸,枝条细软,有时先端弯曲,无明显主干,树冠倒披。叶片大小中等,椭圆形。果实卵圆形或圆形,果面淡黄色,向阳面密生锈斑,果皮极薄,果皮剥离后会自然卷成筒状。果肉乳白色或黄白色,果肉较厚,质地柔软,汁液较多,酸含量0.55%,甜酸适度,味道可口,单果重25克,可溶性固形物含量14%～18%,果实可食率为73.7%,品质极佳。每果内平均有种子2.8粒。在当地6月上旬成熟。

该品种品质佳,为我国著名枇杷品种。抗逆性差,不耐寒,在成熟期遇到阴雨天气容易裂果,不耐贮运,产量不稳,经济效益不高,栽培面积逐渐减少。

7. 莆新本

来自福建莆田。树势强健,树体开张,发枝力强,枝梢成穗率高,着果稳定,结果性较好。果实短,椭圆形,果蒂稍歪,未成熟时果顶有棱角,到成熟时果顶渐圆满宽平。果皮橙黄色,果粉多,果面颜色鲜艳美观,果皮厚韧,容易剥离。果肉质地细腻,可溶性固形物含量 10.2%～12.6%,酸含量 0.12%～0.32%,甜酸适中,风味较佳。每果有种子 2～4 粒,可食率 68.8%～72.6%。在当地栽培 11 月上中旬开花,5 月上中旬成熟。

该品种果大质优,适应性广,抗逆性强。

8. 青种

为江苏省吴县洞庭西山主栽品种。树势强壮,树冠开展,树形呈圆头状,枝条较长,叶大肥厚,质地硬挺,叶肉多皱,形状椭圆,叶缘锯齿明显。叶序疏密中等,花穗支轴先端下垂,每个花穗平均有花 92 朵,花瓣较大。果实单果重 33 克,圆球形,成熟时蒂部仍呈青绿色,故名"青种"。果肉颜色清,橙黄,肉质细嫩,汁多味好,可溶性固形物含量 11.6%,可食率达 69.5%,风味较浓,甜酸适口,每果有种子 2～3 粒,在当地 6 月上旬成熟。

该品种产量高,品质优,果实大小匀称,皮厚耐贮运。在成熟期如遇阴雨天气容易患病,裂果较多,在栽培上对肥水要求较高,需加强果园管理。

9. 荸荠种

来自江苏吴县洞庭西山。树势强盛,枝条粗短,分枝多,角度小,树冠呈圆锥形。果实扁圆形,略似荸荠,故而得名"荸荠种"。叶片大小中等,长圆形,叶柄细长,叶缘锯齿不太明显。花序疏松,每个花穗平均着花达 76 朵,果实大小整齐,单果重 33 克。果皮橙黄色,绒毛多,果皮厚度中等易剥离。果肉淡黄白色,肉质细嫩,汁液较多,果肉厚度0.85厘米,酸甜适度,可溶性固形物含量11%~14%,可食率67.3%,每果有种子3~5粒。当地11月上旬至翌年1月中旬开花,6月上旬果实成熟。

该品种寿命长,树势旺,丰产性好,抗性强,不易发生寒害和日烧病的危害,耐贮藏。

10. 梅花霞

为福建省莆田市著名主栽品种。树势中等开张,树冠圆头形,叶长椭圆形或披针形,叶缘上部锯齿密而深,基部全缘,叶质较厚,叶色浓绿。果实倒卵圆形,果实大小均匀,单果平均重35.83克。萼片先端掀起似梅花形,与果面红霞相映,故果名为"梅花霞"。果顶平广,果基尖削,萼孔闭合。果皮橙红色,果粉多,绒毛浓。果皮较厚,容易剥离。果肉橙红色,肉质细致,汁多味甜,风味较浓,可溶性固形物含量11%,酸含量0.55%,可食率70.84%。每果平均有种子4.7粒,果实在当地4月底至5月上旬成熟。

该品种丰产优势强,果色鲜艳,品质上等,耐贮运,不易裂果、皱缩,是鲜食、制作罐头的良种,但老叶易患灰斑病。

11. 珠珞红沙

来自江西省安义县珠珞山区,又名红花枇杷。树势较强,树冠整齐,枝条粗短。果实扁圆形,果顶平广,萼托微凹,基部纯圆。果皮橙黄色,果皮厚度中等强韧,容易剥离。果肉厚度0.83厘米,质地柔软致密,汁多甜香,可溶性固形物含量14.9%,高达18.55%,可食率76.2%,单果平均重26.6克,最大单果重31.4克。每果内有种子2~4粒。在当地12月中旬盛花,果实5月中下旬成熟。

该品种丰产、稳产、优质,经济寿命长。抗逆性强,果形平整,色泽佳,外形美,适合鲜食与加工。

12. 华宝 3 号

由华中农业大学从实生后代中选育而成。树势强健,叶片长卵圆形,叶肉较厚,叶色深绿。果实近圆形,单果平均重 32.9 克,果实大小均匀,果皮、果肉均呈橙黄色,汁多味甜,可溶性固形物含量 12%,可食率 74.2%。每果平均有种子 2.4 粒。

该品种丰产稳产,耐贮运。鲜食与加工皆宜。

13. 塘栖迟红

来自浙江塘栖。树势强健,树冠圆头形。果实斜生,在果枝上排列紧密。果实近圆形,大小均匀,果顶凹陷。果面淡橙黄色,稍有锈斑,果皮厚而韧,容易剥离。果肉橙红色,质地细腻,汁液较多,味浓可口,酸甜适度,果实可食率 71%,单果重 33 克。

该品种丰产稳产,抗逆性强,是加工罐头的好品种。

14. 牛腿白沙

来自湖南省沅江县杨梅山和三眼塘乡。树势强壮,果实卵圆形或圆形,单果平均重 24.6 克,最大单果重 38.4 克,果面深橙黄色,果肉淡黄色,质地柔软消融,可溶性固形物含量为 9%,每果内有种子 2.8 粒,果实在当地 5 月底成熟。

该品种丰产稳产,抗逆性强,是鲜食、加工兼用品种。

15. 大乌脐

来自广东丰顺。树冠圆头形,枝条稍软,果枝在结果时垂下,果实在果枝上排列紧密,每穗着果数为 6~9 个,果实卵圆形或椭圆形。果顶平广,稍有下凹,果基钝圆。果实成熟时果萼上面全布满长而密的黑色绒毛,故名"大乌脐"。果皮橙黄色,条斑,锈斑少,果皮薄,易剥离。果肉淡橙红色,肉质柔软多汁。可溶性固形物含量10%,糖含量7.8%,酸含量0.428%,每果内平均有种子2.8粒。可食率67.8%,果实在当地每年4月底至5月上旬成熟。

该品种丰产稳产,抗逆性强,鲜食、加工皆宜。

16. 沅江红沙

在湖南省沅江县各产区有栽培。树势中庸,果实梨形,单果平均重28.2克,果面淡橙红色,果肉浓橙黄色,质地柔软,带有香气。可溶性固形物含量9.6%。果实在当地5月中旬成熟。

该品种分圆形和长形两类,后者有发展前途,鲜食、加工兼用。

17. 石橙

来自江苏省扬中县。树势开张,树冠圆锥形,发枝力好,枝条稀疏粗壮,果实梨形,大小整齐,每穗平均坐果6~8个。果面橙黄色,绒毛较厚。果皮厚韧,容易剥离。果肉橙红色,细嫩汁多,带有香气,甜酸适度,可溶性固形物含量12.2%,可食率64.3%,单果重25克,最大果重达36克。

该品种树体强壮,果肉较厚,加工性好,是鲜食、加工兼用品种。

18. 青边

来自广东省丰顺县。树冠圆头形,叶长椭圆形,果顶平广。果实卵圆形,单果重平均为25.3克,最大单果重31.2克。成熟时果实腹背两侧各有青绿色或黄绿色绒纹,故名为"青边"。果面淡橙黄色,果实肉质白色,质地细嫩,汁液较多,甜酸适度。可溶性固形物含量8.6%,可食率67.5%。每果有种子2.6粒。果实在当地4月下旬至5月初成熟。

该品种丰产性好,在管理上缺肥情况下,树体极易衰退。抗性弱,日烧病、炭疽病较易发生。

19. 泸州 12 号

来自四川省纳溪县。树冠圆头形,树姿直立,枝展整齐,发枝力和成枝力较弱,枝条粗壮而稀疏,节间较短,每穗着果 3～8 粒(为果实内含种子较少的枇杷),果穗稀疏,果实卵圆形。果皮橙黄色,果皮较薄,容易剥离。果肉橙黄色,柔软多汁,可溶性固形物含量 10.5%～12%,可食率 73%～76.5%,果实内含种子每果平均 1.6 粒。

该品种在当地为特早熟水果,宜鲜食、加工制罐。

20. 荔枝枇杷

来自广西临桂县六塘乡。树冠圆头形,中心主干不明显,叶片椭圆形,花穗紧密,果实圆形或扁圆形,单果平均重 12.9 克,最大单果重 25 克以上。果皮粗糙,呈红褐色,果面覆盖有褐色锈斑及果毛,似荔枝果皮,故名"荔枝枇杷"。果肉橙红色,品质好,风味浓,可溶性固形物含量 13.4%。

该品种有大果型和小果型两类,大果型的是加工制罐最佳原料。

21. 皖白

安徽省歙县。树势强健,树干灰褐色,枝梢稀、软。果形有歪圆和扁圆两种。果顶平广,萼部微凹,基部有突起小鳞片。果皮、果肉均为橙红色。可溶性固形物含量 11.5%,单果重 32 克,最大单果重 45 克。可食率 65%,每果有种子 2～3 粒,果实在当地 5 月下旬至 6 月上旬成熟。

该品种产量高,丰产稳产,最耐贮运。

22. 龙泉 5 号

是成都市龙泉驿区从实生树中选出。果实卵圆形,单果平均重 53.1 克,最大单果重 57 克。果肉厚橙红色,质地细嫩,风味浓甜。果皮厚而易剥离。可溶性固形物含量 14.3%。

该品种丰产性好,适应性强,品质较佳。

23. 莆选 1 号

由福建省莆田市农业局秋芦镇农技站选育的品种。树势强健,树形开张。果实倒卵形,果皮橙红色,果粉多,果皮较厚,容易剥离。果实肉质细腻,酸甜适度,风味浓,有香气。可溶性固形物含量 11.5%,单果重量达 65 克。每果有种子 3.5 粒,可食率 68%。果实在当地每年 4 月下旬成熟。

该品种质优香气浓,有发展前景。

(三)从日本引进的优良品种

日本的枇杷是从我国引种的,后经过实生培育选优,繁衍至今。近年我国从日本引进的优良枇杷品种以果形大、色泽好、品质优为特点。日本现在已有 46 个枇杷栽培品种,其中几个主栽品种占日本现有总栽培面积较大,如茂木品种占 62%,田中品种 22%,长崎早生品种占 11%,也有栽培面积较小的,大房品种占 2%,其余的品种占 3%。

现将从日本引进的几个优良枇杷品种特性介绍如下。

1. 茂木

【品种来源】日本三浦氏从引进中国的普通枇杷种子,在长崎县茂木町繁殖后的实生树中选育而成。大约在 1830—1847 年,日本从中国唐枇杷中发现了果实大,外观漂亮,品质较好的实生变异种，后称为茂木。

【经济性状】茂木枇杷品种在日本占总栽培面积的62%。果实长倒卵形，单果重50～60克，最大单果重70克。果皮橙黄色，果粉灰白色，果皮偏厚，容易剥离。果肉橙黄色，肉厚汁液多，细嫩柔软，甜多酸少，果实可食率75%，可溶性固形物含量11.2%，每果平均有种子2.4粒。果实成熟期在日本长崎为5月下旬至6月上旬，在我国四川省成都市为5月中旬。

【生物学特性】树势较强，枝条多，进入盛果期后，树冠渐次开展，叶片大小中等，狭长浓绿，叶面光亮，叶片先端边缘有较小的锯齿状。果穗大，一个果穗上可留3～5个或5～7个果。9月下旬花芽萌动，10月上旬至翌年1月初开花，果实在台湾省3月中旬至4月上旬成熟。

该品种被引进到我国台湾省后，已成为主栽品种，在大陆的四川、广西等地也广为种植，均表现出坐果率高，丰产性好的特性。没有大小年结果现象。适合在土壤肥沃处建园种植，是鲜食的优良品种。

2. 田中

【品种来源】日本田中芳男从长崎县引入的大果枇杷种子繁殖后，在实生树中选育而成。据说，1879年日本生物学家田中芳男在长崎吃到大果品质优良的枇杷，将枇杷种子带回去播种在庭院中，于1887年选出一株果大质优的枇杷，命名为田中。

【经济性状】田中枇杷品种在日本占总栽培面积的22%。果穗、果实大，果实短卵圆形，横剖面为五角棱形。单果重60克，最大单果重达150克。果面橙黄色，果皮较薄，稍难剥离。果实表面有果粉，外观漂亮。果肉橙黄色，肉质稍粗，汁液较多，甜中带酸，果味浓香。充分成熟的果实，汁液增多，甜味更好，风味更佳。可溶性固形物含量11%，可食率70.3%，每果平均有种子2.4粒。

【生物学特性】树势强健,枝梢粗壮,生长旺盛,树型较大。幼龄树姿直立,成年树的树冠开张。叶片较大,叶色浓绿,叶片凹凸不平,叶缘有浅疏锯齿。9月中旬花芽萌动,10月上旬至12月下旬开花。果实在日本长崎为6月上中旬成熟,在四川成都为5月下旬至6月初成熟。现在我国台湾省栽培较多,福建、湖北、四川也有种植。

该品种表现出丰产稳产的特性,以果实特大(最大单果重为150克)、晚熟、耐贮运而被广为种植,但果实在树上退酸慢,没有成熟的果实含酸量高,故需充分成熟时采摘为宜。

3. 长崎早生

【品种来源】长崎早生是日本长崎县果树试验场于1976年,用茂木为母本,本田早生为父本,通过杂交选育而成。在日本种植发展较快,已占日本枇杷栽培总面积的11%。

【经济性状】果实短卵圆形,单果重45克,最大的单果重50克,果实均匀整齐。果皮橙黄色或橙色,皮易剥离。果肉橙色较厚,肉质致密,柔软多汁,可溶性固形物含量12%,酸甜适度,风味浓,带香气,品质上等。

【生物学特性】树势强健,树姿直立。花穗中等,10月中旬花芽萌动,11月中旬至翌年1月上旬开花。果实在日本长崎4月中旬成熟。

该品种较丰产,抗性强,尤其抗寒性强,是日本早熟枇杷最为抗寒的品种。

4. 大房

【品种来源】大房枇杷品种是日本农林水产省果树试验场具津支场于1967年用田中做母本,楠枇杷品种为父本杂交育成。

【经济性状】大房枇杷品种在日本总栽培面积中只占2%。我国福建、湖北、四川等省于1989年引进,栽培表现良好。果实短卵圆形,大小不够整齐,果肉橙红色,肉质较硬稍粗,汁液较多,甜中略带微酸。可溶性固形物含量11%,可食率70.3%,味稍淡,品质中等,果内种子较多,每果平均4.7粒。果实可供鲜食和加工。

【生物学特性】树势特别强健,生长旺盛,树冠稍开张,在贫瘠土地上种植也能很好的生长结果。枝粗短充实,分枝中等。11月中旬花芽萌动,12月上旬至翌年2月中旬开花,比其他品种开花稍迟,较抗低温,花穗大,花数多而密生。在日本当地栽培于6月上旬成熟。

该品种较丰产,花期较迟,果型大能耐低温,抵抗灾害性天气较强。不易落叶,可作为品种材料保留。但果面容易发生紫斑病,在栽培上应注意加强防治。

5. 森尾早生

【品种来源】森尾早生枇杷品种,是从茂木枇杷枝变种中选育而来的优良种。

【经济性状】果实卵形或短卵形,先端较宽广,果皮、果肉均呈橙红色。果实较大,大小均匀。每穗保留6~10个果实,单果重30克,果肉紧密,果皮较厚,容易剥离。糖多酸少,可溶性固形物含量12.1%,可食率67%。每果平均有种子3.3粒。果肉汁多易化渣,略有香气,品质上等。

【生物学特性】树势中庸,树形开张,枝梢抽生次数较少。枝条、花梗、果梗木质部较发达。叶片中等偏小,叶厚浓绿,夏叶略内卷,叶缘呈锯齿状。果实成熟期在成都市为4月下旬至5月上旬。

该品种在疏果时注意在果穗多留果实。

6. 白茂本

【品种来源】白茂本是茂本自然杂交种子经2000伦琴的γ射

线辐射育成。

【经济性状】果实为长卵形,果肉乳白色,果实稍大,风味好。

【生物学特性】树势强健,花穗较大,花朵数多。果实于6月中下旬成熟,比茂木稍迟。

该品种是日本唯一的白肉枇杷种。

日本的其他枇杷品种见表3-3。

表3-3 日本的其他枇杷品种

序号	品种名称	产地	果形	果重(克)	肉色	皮色	成熟期
1	天草早生	日本	卵圆形	40~50	橙红	橙红	4月中旬
2	长崎早生	日本	短卵形	40~50	橙色	橙黄	5月下旬
3	本田早生	日本	长卵形	40~50	橙黄	橙色	5月上旬
4	野岛早生	日本	长卵形	60~70	橙黄	橙黄	6月上旬
5	楠	日本	圆形	50~60	橙黄	橙黄	5月下旬
6	汤川	日本	短卵形	60~70	橙黄	橙黄	6月上旬
7	瑞穗	日本	短卵形	80	橙黄	橙黄	6月下旬
8	白茂木	日本	卵圆形	50~60	乳白	橙黄	6月中旬
9	津方	日本	卵圆形	60~70	橙黄	乳白	6月上旬
10	森木	日本	短卵形	90	橙黄	橙黄	6月下旬
11	房光	日本	短卵形	60~70	橙黄	橙黄	6月上旬
12	里见	日本	短卵形	60~70	橙黄	橙黄	5月下旬
13	户越	日本	卵圆形	60~70	橙黄	橙黄	6月中旬
14	津云	日本	卵圆形	50~60	橙黄	橙黄	6月中旬

第四章　优质枇杷苗木繁育

枇杷是多年生果树,其栽培寿命长达几十年乃至超百年。因此,枇杷品种优劣,苗木良莠,直接影响果树的生长发育、鲜果产量、果实品质,以及果农的经济效益。所以必须根据生产发展需要,培育符合要求的标准健壮苗木。

一、嫁接苗的培育

(一) 砧木选择与培育

1. 培育枇杷主要砧木

枇杷嫁接的主要砧木是用普通枇杷种子播种后,长出的实生苗都可作枇杷嫁接砧木。选作砧木的条件:果实大、品质优,不裂果,生长健壮,抗逆性强,鲜果产量高,嫁接容易成活,根系发达。如石楠、榅桲、台湾枇杷等可作砧木。

(1) 石楠:又名千年红(俗称坟头树),为我国中南部地区的常绿小乔木。江苏省光福枇杷产区的果农,嫁接枇杷时均以石楠作砧木。石楠分白皮种和紫皮种两类。白皮种嫁接成活率比紫皮种高。用石楠作砧木嫁接的枇杷树寿命长,生长发育好,根系发达,耐寒耐旱,还可防天牛危害。但在初结果时,果实大小不一,肉质较硬,着色不佳,风味较淡,要几年后才会好转。

(2)榅桲：为落叶树。据以色列、日本等国用榅桲作枇杷砧木的报道，嫁接的枇杷树植株会明显的矮化，果树平均高不足2.5米。以色列通常采用计划密植，行株距为4米×2米的栽植模式。密植枇杷园3年生果树每公顷产量为7吨，7年生树龄的果树每公顷枇杷产量达25吨（折合每667平方米产枇杷鲜果1667千克）。据福建省农业科学院果树研究所试验结果，榅桲砧木的接穗为太城4号、坂红嫁接成活率高，愈合良好，树冠明显矮化，几乎比本砧的太城4号小一半。丰产性能提高，果实品质优，成熟期提早，适合集约化密植栽培。但由于根系较浅，易受风害和天牛危害。

(3)台湾枇杷：又称赤叶枇杷，耐寒力差，只适合在我国台湾、广东、广西、福建、海南等高温地区作砧木，其生长、结果均与本砧相似。

2. 砧木种子采集处理

砧木种子必须从充分成熟的果实中采集，应挑选种子少的果实，最好选择单核果实作种用果。将采集的种子洗净，让其阴晾干，用70％甲基托布津或50％的多菌灵可湿性粉剂600倍液浸种3～5分钟，捞取晾干播种。

3. 苗圃地址的选择

苗圃地址宜选择在地势较高，地下水位低，土层深厚疏松肥沃，水利排灌方便的沙质土壤，背风向阳，供ac便利，交通顺畅，远离厂矿城区，没有"三废"（废水、废气、废油）污染的地方。选地后进行苗圃规划，经济利用土地，合理安排母本区、繁殖区、轮作区和试验区。

(1)母本区：在母本区内分砧木母本区和接穗母本区。砧木母本区的任务是保证砧木的良种纯度，提供砧木种子和扦插材料。

接穗母本区的任务是能够提供优良接穗的母本树。在母本区里，母本树应分品种、品系栽植。距枇杷园要较远，以防传粉自然杂交和其他因素所引起材料的劣变。

(2)繁殖区：在繁殖区内分砧木苗繁殖区和嫁接苗繁殖区。砧木苗繁殖区里有播种圃和移植圃，其任务是为嫁接繁殖砧木用苗。嫁接苗繁殖区的任务，是待砧木苗达到一定粗度时，为嫁接需要提供接穗。繁殖区应分成若干个大区和小区，均为长方形，所设区的面积大小须根据地形、地势和操作机械而定。这些都应与道路建设和水利排灌系统相配套，以利于耕作和经营管理。

(3)轮作区：苗圃使用3～4年后要与农作物或水、旱作物进行一次轮作，可改善土地营养，减少病虫害和草害，排除连作障碍。砧木圃每播2次轮作1次，嫁接苗圃每播1～2次轮作1次。在南方水乡可实行水、旱作物轮换种植，将枇杷苗圃与栽种水稻、豆类、绿肥等作物进行轮作。

苗圃非生产地的规划，如道路建设，水利排灌，防护林带以及房屋场院等设施，要根据实际需要，在满足生产要求的情况下，尽量做到少占用耕地的原则进行规划。房屋场院包括：办公室、宿舍、仓库、工具间、种子苗木贮藏室，以及温室等。这些区应建立在地势较高、土质较差的位置，但要考虑便于经营管理，指导各个生产作业区的管理工作。

4. 苗圃整地与施肥

确定了苗圃选择的地址后，开始进行整地，深翻晒泊，按每667平方米施肥。准备垃圾土、腐熟猪粪、火土灰等1 000～2 000千克混合堆沤。然后将翻耕的土地耙碎耙平，拉线做畦。畦高25厘米，宽80～100厘米，在畦上开沟施基肥，精细做好畦面，以待播种。

5. 播种时间与方法

枇杷种子没有休眠期,种子采集后洗净即可播种。枇杷种子在 4~6 月间采收,播种也是在 4~6 月份,播种后 4~6 天,种子在土壤发出根芽,20~25 天幼苗出土。枇杷春播和秋播的种子需进行沙藏层积。层积沙要用干净的河沙,层积沙的湿度手握成团不滴水,手掌张开沙团即散为度。河沙用量与种子的比为 2∶1(即 2 份沙,1 份种子)。

枇杷种子颗粒较大,每千克种子约有 400~600 粒,每 667 平方米面积播种量:撒播 100~120 千克;条播 50~75 千克。撒播方法:用手将种子撒播于畦面上,然后用木板将种子压入土表,再覆盖细土。条播方法:先在畦面开出 15 厘米宽,5 厘米深的播种沟。行距 25~30 厘米,粒距 5 厘米,种子播于沟内,复土盖种。播完种子浇透水后,在畦面盖上稻草保湿,待种子在土壤中萌发。

6. 加强砧木苗圃管理

(1)幼苗期的管理:种子发芽前注重水的管理,要做到勤浇水,保持畦面湿润。雨水过多注意排除渍水。如苗床上有 1/3 的种子发芽时,揭去畦面覆盖物(稻草等),防止出现高脚畸形苗。幼苗喜阴凉,怕干热,故应尽量避免烈日、强光直射,需要就地取材搭建遮阳棚,到 9 月上旬后高温季节已过,可陆续撤除荫棚和其他覆盖物。畦面齐苗后,分次疏去弱苗,条播的按 15~20 厘米株距留一壮苗。撒播的待苗长出 2~3 片真叶时,在 9~10 月或翌年 2~3 月间移植,行株距(25~30)厘米×(15~20)厘米。每 667 平方米有苗 12 000~17 000 株。

(2)移植后的管理:幼苗移植后勤于中耕除草松土(禁用除草剂除草,以防土壤板结),防止畦面草荒,结合浇水施肥,用 10% 稀薄腐熟的人畜粪水,当幼苗长出 3 片真叶时,每隔 15 天浇施 1 次。

随着幼苗长大,施肥浓度逐渐提高,即施用20%的人畜粪水。砧木苗高30厘米时进行摘心至顶端1～2片嫩叶,并抹除基部萌芽,使主干粗壮光滑,促幼苗增粗旺长,快速达到嫁接苗的粗度。此期间要及时防治立枯病、叶斑病和地老虎、蝼蛄、蚜虫等病虫害,加强苗圃病虫发生情况的检查,确定喷药日期。

(二)接穗采集与贮运

(1)接穗的采集:枇杷接穗必须选择优良品种或优良单株。一般要求母本树品种纯正,高产优质,树势健壮,抗病虫害能力强的优良品种。在已进入结果期的母本树上采集接穗时,应选择树冠外围中上部发育充实,芽眼饱满的一年生春夏秋梢枝条。切忌采用内膛枝、荫蔽枝和徒长枝。因为内膛枝和荫蔽枝的芽眼不饱满,发育不充实,养分积累较少,嫁接后成活率低,即使成活了也长势不强。徒长枝嫁接后虽然容易成活,生长较快,但往往表现结果迟或不结果实。幼树和嫁接苗的枝条不能采来用作接穗,这些枝条尽管健壮,芽体饱满,嫁接成活率高,但同样会较迟进入结果期。

(2)接穗的贮藏:枇杷接穗要随采随用,才会使嫁接的成活率高。接穗采集后应当即剪去叶片,减少水分蒸发。如不能及时嫁接,要做好接穗的贮藏处理。接穗采集按50枝或100枝捆成一束,挂上标签,记明品种名称、采集地点、株号和采集日期,用塑料薄膜或其他保湿包装材料包扎好,保持水分,存放于阴凉处。若是保存时间长,可用湿沙或利用山洞贮放,温度控制在5～10℃,空气湿度90%,适当通气(贮放的河沙不能过湿,否则易导致接穗腐烂)。但要注意经常开包检查,剔除烂条以防蔓延。

(3)接穗的运输:枇杷接穗需要远运,即用保湿泡沫包捆,品种吊上标签,装入袋内或箱内,防止水分蒸发。苗木运到销售目的地后,解开包装件,贮放到阴凉处或段植在河沙内(应调节好河沙湿度,才贮放苗木)。

(三) 枇杷嫁接时间

嫁接时间因地区的嫁接方法不同而不一样。如南亚热带地区,冬季气温较高,春季气温回升快,适宜嫁接的时间较长,从 2 月中旬至 11 月上旬都可进行。北亚热带地区枇杷嫁接时间则较短,从 2 月下旬至 10 月上旬。不同嫁接方法嫁接的时间也不相同,单芽切接方法的嫁接时间,是在春季的 2~4 月进行;剪顶留叶劈接方法的嫁接时间,是 3 月上旬至 3 月下旬进行;芽片腹接方法的嫁接时间,因为操作简便,则四季可以嫁接,即使砧木不易剥皮时也能嫁接,还可多次补接。

(四) 枇杷嫁接方法

嫁接方法通常分为枝接和芽接两种。枝接根据操作方法不同,又为分切接、腹接和劈接(又叫剪顶留叶劈接)。四川、江苏、浙江等省多采用切接或枝腹接和剪顶留叶劈接。福建省农业科学院果树研究所试验推广芽接育苗技术,效果很好。还有的地方在高位嫁接时,采取用电钻机的钻头,在砧桩上钻孔,接穗直接插入钻孔内,用黏胶封接口,这种方法快捷,便于两人搭档操作,工效高,成活率高。

1. 切接法

即芽切接法,在嫁接中具有广泛的代表性,是果树嫁接最基本的技术。因此,掌握了切接方法就能触类旁通,很容易学会和运用其他各种嫁接方法。切接的优点是愈合快,发芽早,较整齐,生长健壮。在苗圃嫁接的砧木苗可适当密植,增加单位面积含苗量,嫁接时操作简便,利于二、三人流水作业,工作效率高。接穗与砧木均削至两者形成层,接触面大,容易成活,而且接穗芽在砧木顶端,接穗具有顶端优势,发芽抽梢迅速,砧木的萌蘖率低,使苗木生长健壮整齐。切接时期,以春季(2～3月)嫁接效果好,而夏、秋季切接效果较差。因为夏秋气温偏高,苗木生长旺盛,根系贮存有机养分少,常因嫁接前剪去了砧木顶部,根部得不到枝叶制造的有机养分,以致衰退死亡。切接所用的接穗有多芽的,也有单芽的,现在各地枇杷育苗嫁接都是采用单芽切接方法。切接的操作步骤如下:

(1)切砧:枇杷果树的切接法是在春季的2～3月份进行。即早春砧木树液已流动(枝梢萌动以前为最好),选择苗木茎粗0.6厘米以上,生长健壮,无病虫危害的1～2年生砧木10～15厘米处剪断,选平滑的一边,稍伤木质部垂直切下,切口长约3厘米左右。并将切开的皮层去掉上部的2/3,留下1/3。接穗长3～5厘米,于芽上3毫米剪断。要求上部显现木质部,下部稍带木质,切砧可分三步:

第一步,选择粗度0.8厘米以上,生长健壮的砧木苗,于砧木上的适当位置平直光滑处,离地面10厘米剪断砧木上端,尽量不损伤剪口。

第二步,在砧木断面上略向上斜削一刀,削去砧木上部或削至木质部的1/3。削切口呈45°角的斜面,以利砧木和接穗愈合。

第三步,在斜面下方沿皮层与木质部交界处向下纵切一刀,要求尽量能一刀切成,不削出木质部或微带木质部为宜(图4-1)。切面长短视接芽的削面长短而定,如用通头芽嫁接的切面应与接芽等长,不用通头芽嫁接,砧木切面应短于接芽的平削面。因为不用通头接芽的平削面落刀处不平,砧木的切面略短,放接芽时接芽削口的平处,就会位于砧木的横切面上,即接芽的切面可略露出砧木横断面上,有利于砧、穗间相互紧密吻合,提高切接的成活率。

(2)削穗:将接穗棱形一面向上,先在背面芽眼下方1.5～2.0厘米处,斜削30°角成短切面。然后翻转接穗,使平面向上,从上至下削去韧皮部成长形削面,削面长1.5厘米左右,要求一刀削

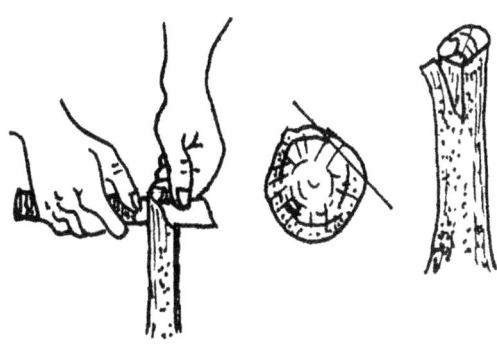

图 4-1 切砧

成,削面平滑,显露木质部且不带木质,再在芽眼上方 0.3 厘米处横向切断即可。削接穗可分三步：

第一步,用左手倒握接穗,右手拿削刀,接穗基部向外,顶部靠近身体胸前,把接穗夹在拇指和食指之间,从枝条基部顺序向上削取。在选来的接穗上挑选第一个饱满健壮的芽先从芽下 1.5～2.0 厘米处斜削一刀,使削切面成 30°角斜面,斜面长 3 厘米(图 4-2)。

第二步,再将接穗翻转过来,从芽点的反面或侧面距离芽约

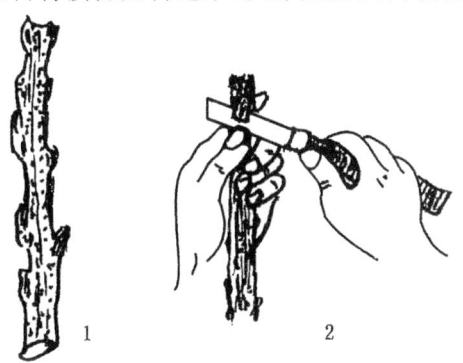

图 4-2 削接穗
1. 挑选的接穗 2. 削接芽

0.3厘米处,向前削平。深至皮层与木质部之间,削去的表皮不带木质或稍带木质,而恰到形成层。要求长形而平滑不起毛。如果长形平面从芽上方削起,则叫通头芽。通头芽除用于单牙切接外,还适用于腹贴接。

第三步,最后在芽点的上方斜削一刀,将接穗切断成一个接芽,整个接芽长约3厘米,接芽切下后注意不要受泥沙等杂物污染。

(3)插穗:把削好的接穗插入砧木的切口内,接穗削面向内紧贴于砧木削面上,要求接穗放正插稳。接芽削面宜稍高于砧木削面之上,使砧、穗两者的形成层对齐,如砧、穗大小不一,则应使形成层对准密接,以利愈合。具体操作,是选用与砧木大小相近,长短适宜的接芽插入砧木切口内,接芽的长削面向内,砧、穗两者的形成层互相对准。如砧木和接穗的大小不一致,则须垂直插到砧木切面底部,使接芽基部与砧木切口底部贴紧,以利愈合,提高成活率。

(4)包扎:枇杷嫁接的包扎方法有露芽眼包扎和不露芽眼包扎两种(图4-3)。现在多采用露芽眼包扎法。将长30厘米、宽1厘米的聚氯乙烯塑料薄膜带,从接口下部向上紧紧绑扎数圈。缠绕时注意勿使接穗(芽)移动歪斜,然后仅留芽眼在外进行包扎。不露芽眼包扎法,是用小方块塑料薄膜将接穗(芽)和砧木顶部全部包裹好,25天左右刺破包扎的薄膜,让接芽生长发育。由于这种包扎方法手续太多而较少使用。具体操作:

第一,把薄膜带打开,左右手各拉紧一端,左手拉的一端只需留5~10厘米,将带子紧贴砧木插好接穗(芽)

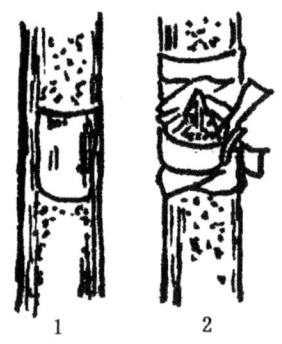

图4-3 接芽包扎
1. 不露芽包扎 2. 露芽包扎

的部位,右手端的带子,从砧木切口处向下紧绕几圈,把插接芽部位包紧包密,使接芽和砧木紧密贴接。用左手端带子的一部分压住。

第二,再把右手端带子拉向上方,将砧木的横面盖住。

第三,然后左手所拉的一小段薄膜带盖过接芽顶端的斜切口,最后再将右手所拉的带子压住左手的带子向上紧绕2~3圈,整个包扎好了打个活结即成。缠绕包扎接芽时,应注意在芽眼处留一小孔,露出芽眼,以便愈合,待嫁接成活后叶芽从孔中生长出来。

2. 腹接法

腹接又称腰接(图4-4),是一种不剪断砧冠,将接穗接在砧木茎干或枝条中部的枝接法,这种在砧木侧面进行枝接的方法,操作简便,四季均可以进行,在砧木不易剥皮时也能嫁接,并可多次补

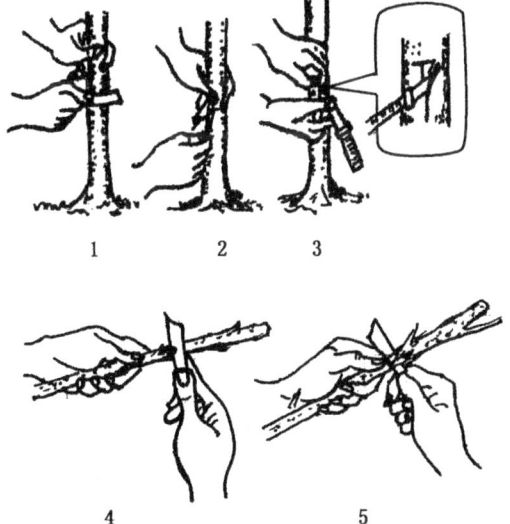

图4-4 腹接法开接口(1~3)与削接芽(4~5)
1. 横切 2. 纵切 3. 剥开皮层 4. 第一刀 5. 第二刀

接。对砧木粗细要求不严,0.5厘米粗的小砧苗也可腹接,而且在嫁接时由于砧木枝干不用剪断,砧木内部生理机能基本保持平衡,地上部和地下部的吸收功能均未受到严重影响,枝叶与根系吸收制造的水分、养分和有机物,为嫁接后接口愈合组织的形成与发育提供了良好的营养条件。

这种嫁接法愈合力强,成活率高,可进行嫁接的时间长。不仅在夏、秋高温期间、日照强烈时,对接穗有遮荫、保湿作用。但在春季采用此法嫁接,对发芽及新梢生长就比单芽切接差。腹接法不单适用在果树苗木培养和果树品种更新时高接换头,还可用于树体缺少枝干的位置上插枝嫁接补空,弥补树冠缺陷。腹接有两种方式,即皮下腹接和深入木质(也称切腹接法)。腹接的所有接穗可用单芽,也可用2~3个芽。现在各地枇杷芽接育苗应用较多的为芽片腹接法(图4-5)。芽片腹接法的步骤:

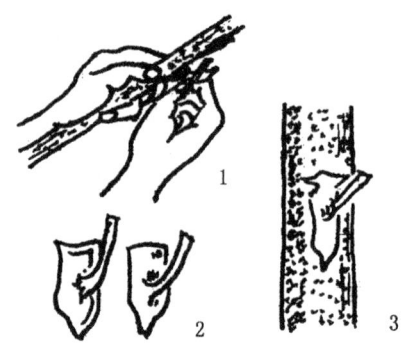

图4-5 插芽片
1. 掰芽片 2. 芽片 3. 安放芽片

(1)切砧:砧木主干距地面10厘米处选平直的一面,用利刀与砧木呈20°角的倾斜度,将刀从上向下纵切一刀。切口长度与接穗削面长度相等,约3厘米,厚度以切穿皮层为准,平伤或微伤木质部,再把切开的皮层上部削去2/3(图4-6)。

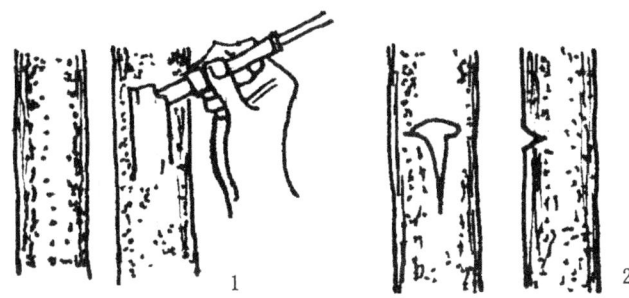

图 4-6 切砧

1. 砧木开"冂"形口 2. 砧木开"T"字形口

具体操作:砧木开口是在砧木上选择要嫁接部位,以 20°角自上而下切一刀,深至木质部,切口长 3～3.5 厘米,切口的大小和角度与接穗削面相适应(图 4-7)。如用通头芽腹接以及接穗采用切接法,切砧时要直切,砧木切面要直要平,切开的皮层稍带木质部,然后将切开的砧木皮切径 1/3～1/2,便于安放接穗和检查成活。

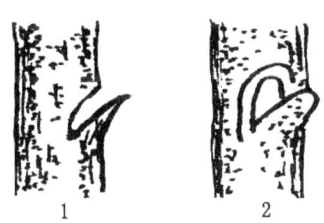

图 4-7 砧木切口

1. 斜楔形接穗的砧木切口 2. 切接法削穗的砧木切口

(2)削穗:腹接法削接穗与切接法相同。具体操作:选取生长充实的一年生枝条,剪成含 1～3 个饱满健壮芽的一段作接穗。削接穗时左手倒握接穗(图 4-8),在距最下芽 1～2 厘米处削一个 2.5～3 厘米的长切面,然后把接穗翻过来,在背面削一个长 2.3～2.8 厘米斜面。两个切面最好是在最下芽的两侧,有利于芽的萌

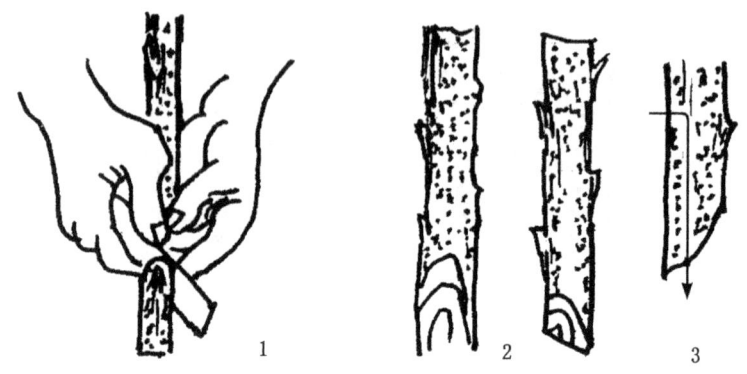

图 4-8
1. 削接穗　2. 斜楔形削　3. 用切接法削接穗的削切法

发生长。其中一个切面应稍短些,削好的接穗是斜楔形,长边厚,短边薄,才能与砧木接口吻合。注意切面要平直光滑,防止尘土污染。如只用一个芽作接穗的削切面长度可短些,亦为 1.5～2 厘米。

(3)插穗:选取和砧木切面大小一致,长短适宜的接穗插入砧木切口。如接穗小,则要使砧木、接穗一侧的形成层对准,接穗基部和砧木切口底部要靠紧,砧穗两个削面紧贴。再将砧木切口的皮层紧密覆盖在接穗下部。具体操作:把斜楔形接穗(接芽)削面向内,短切面向外,轻轻地插入砧木切口,注意砧木和接穗(接芽)的形成层对准,一般对准一边方向的形成层即可(图 4-9)。用切接的削穗方法削穗的,在插穗时接穗削切面应稍露出砧木切面。

(4)包扎:用塑料薄膜带自下而上地均匀缠绕绑扎好接口部,仅露出芽眼,以利发芽。具体操作,绑扎方法与皮下腹接法基本相同(图 4-10)。砧木较粗夹力大的可以不必绑扎,只要在接口涂蜡密封即可。如只用一个芽作接穗的在绑扎或涂蜡时,通常要封住接穗顶部,减少水分蒸发。

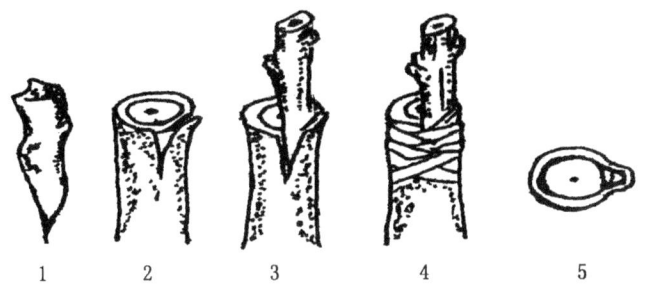

图 4-9 插接穗

1. 接穗 2. 砧木 3. 插入接穗 4. 绑扎 5. 砧木形成层对齐

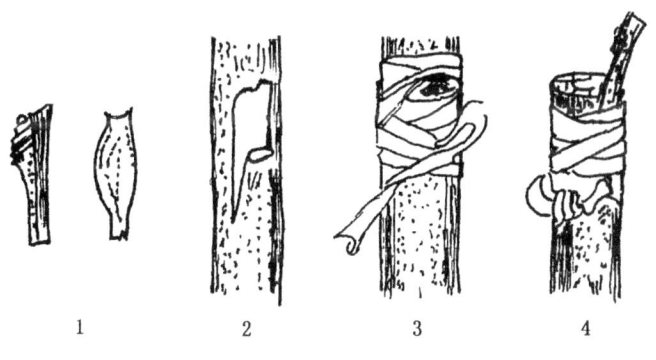

图 4-10 包扎

1. 芽片(侧面、削面) 2. 芽接切口 3. 芽接包扎 4. 穗接包扎

3. 劈接法

又叫剪顶留叶劈接法。这是 20 世纪 90 年代由福建莆田推广的枇杷快速育苗法,优点是容易操作,成活率高,生长迅速,嫁接后 10 多天就会发芽,成活率达 85% 以上。从播种——嫁接——出圃仅需 15~16 个月。这种嫁接方法和切接法相似,比较适宜在小砧木上应用。砧木头年适时早播种子,出苗后加强苗期管理,到翌年

3月份大部分砧木苗的枝干粗度可达到1厘米以上。剪顶留叶嫁接在3月进行,当年冬季嫁接苗高度达60厘米,可以出圃移栽定植。劈接法的操作步骤如下:

(1)切砧:劈接砧木时把幼砧上正在萌生且尚未充实的春梢,剪去1/2～2/3。保留剪口以下的叶片。随着在砧木剪口中间向下纵切1.5～2厘米深(图4-11)。切砧操作过程,春季选择顶端粗0.8厘米以上砧木,在顶端叶片深绿色与浅绿色交界处剪去嫩梢,保留剪口下面的叶片,在砧木断面上进行嫁接。

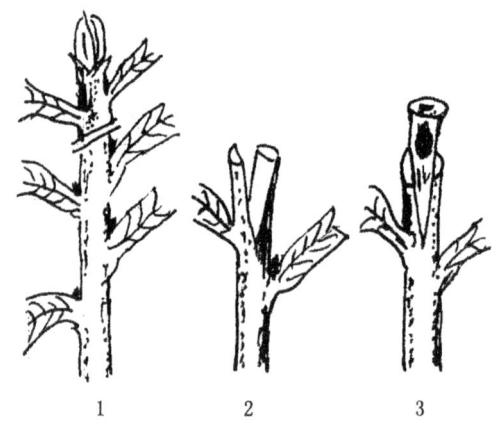

图4-11 剪顶留叶劈接
1. 砧木苗剪顶 2. 纵切砧 3. 插入接穗

(2)削穗:在选择的接穗上有1～2个饱满健壮芽,下端削成楔形(与切面成30°角的斜面)斜面长3厘米,背斜长0.5厘米或削芽片(图4-12)。

(3)插穗:把削好的接穗(芽)对准砧木切口的形成层插紧。如果砧木、接穗(芽)粗细不一,则将其中的一边形成层对齐,使两者相互密接(图4-13)。

(4)包扎:用1.5厘米宽,20～30厘米长的专用塑料薄膜带,

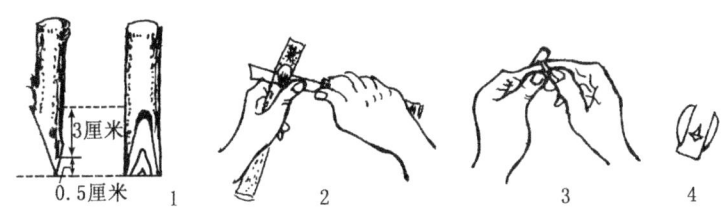

图 4-12 削穗削芽

1. 接穗削面 2. 削芽片 3. 剥除芽片木质部 4. 剥下的芽片

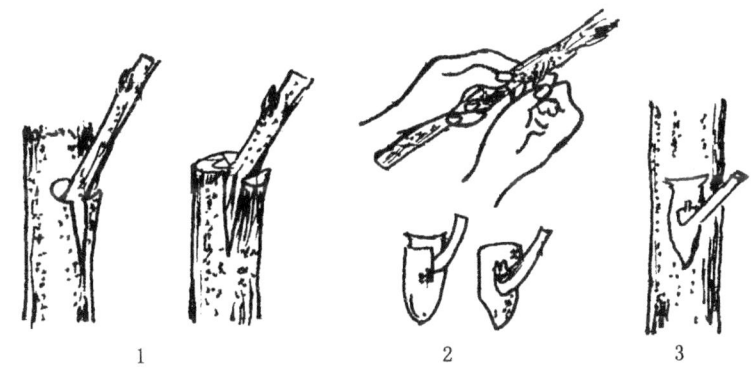

图 4-13 插接穗与插接芽

1. 插接穗 2. 掰芽片 3. 安放芽片

由下而上绑扎紧密。扎绑时要留生芽眼(图4-14)

(五)嫁接苗的管理

1. 及时检查成活情况

枇杷嫁接后2周进行检查,凡是接芽的芽眼新鲜,叶柄一触即脱落,表明已成活。如芽眼变黑,叶柄手触不落,就没成活,应及时进行补接。

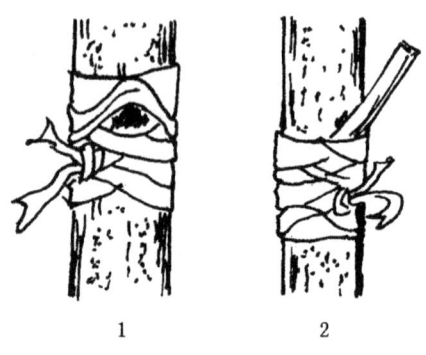

图 4-14 包扎
1. 接芽包扎　2. 接穗包扎

2. 抹除砧木的萌发芽

枇杷已成活的嫁接苗,要及时抹去砧木上萌生的新芽,促进接芽快速生长,对接口上部尚未全部剪砧的,在接芽上方 0.5 厘米处剪除砧木,使养分集中到接穗,以利接芽生长。

3. 加强苗圃肥水管理

嫁接成活的苗圃要及时进行松土、除草,灌水结合追肥,促进根系生长。待接芽新梢长出 8~10 片叶子时,应追肥 2~3 次。追肥量和施肥浓度要根据苗情生长好差逐渐增加,苗圃干旱必须及时灌水,雨季迅速排水,做到雨停水干。

4. 剪顶摘心定干整形

枇杷嫁接后芽梢萌发,做好选优去劣,春梢长 12~15 厘米时摘心,促进新梢老熟。夏梢抽生后选留一个健壮的嫩梢集中养分加速生长,然后对主干进行剪顶定干,在新发的枝梢中选择生长方位好,分布理想的壮梢培育成主枝,使苗木在苗圃内初成骨架。

二、枇杷容器苗的培育

俗话说："枇杷好吃树难栽"，主要是由于枇杷树的根系欠发达的原因所致。采取容器育苗可以使枇杷苗在移栽时带土定植于土中不会伤根，不易坐蔸，不受定植季节限制，可在一年内四季栽树，没有缓苗现象，成活率高，进入结果期早。这种育苗方法可发展成工厂化生产。

容器育苗是在装有营养土的塑料袋或营养钵等容器中培育苗木的方法。20世纪60年代以来，这种育苗方式已在美国、日本、瑞典、芬兰和澳大利亚等国家广为采用。近年来我国湖南、四川、江西等省，已先后开展了枇杷、柑橘等果树大棚容器育苗，均收到良好效果。

枇杷容器育苗，砧木种子发芽快，发芽率高，能节约种子；砧木苗在配制合理的营养土中生长迅速，能提早嫁接和出圃，大大缩短了育苗周期；嫁接苗根系发达，枝干粗壮，苗木质量好，容器可以随时搬动，育苗操作方便，不论晴雨天气都能工作，有利于人工控制育苗所必需的环境条件。能够避免恶劣天气变化的危害，便于肥水管理，充分利用地力，节省土地。可使用机械，提高效率，苗木售价高，育苗经济效益好。育苗容器有两大种类，一种是塑料容器，另一个是竹篓容器。塑料容器指黑色硬质塑料盒、聚乙烯薄膜袋、塑料杯和多孔聚苯乙烯（泡沫塑料）营养砖等。这种容器在苗木定植时可以取下来再度运用，营养篓容器有泥炭容器、细毡纸营养杯、泥浆草杯及营养土砖、竹篾、藤条编织而成的各种育苗容器等。该类容器苗木可以一同栽植入土，能被水和微生物溶化分解。现在我们国家和国外应用较广的塑料容器可反复供育苗使用，便于蒸汽消毒和移动。

1. 营养土的配制

目前,国内外主要是用泥炭和蛭石作原料混合而成营养土,也有用稻田表层土50%、泥炭25%～50%、蛭石25%混合制成。我国枇杷育苗营养土的配制,各地要因地制宜,就地取材。一是用肥沃的通常含有腐殖质的菜园土、稻田表层土、泥炭土等为原料;二是以锯木屑、河沙、火土灰、塘泥(或淤泥)、稻谷壳等为原料。具体配比,第一用肥沃的菜园土和稻田表面土。这两种土各占50%合成营养土,按每立方米营养土加入腐熟干猪粪150千克+三元复合肥(含N、P、K各15%)2千克+菜籽饼(粉碎的)5千克,将以上各种成分与细土加适量的水分混合(饱和程度)、拌和均匀堆沤;第二以锯木屑、河沙为主搭配腐殖质。锯木屑要经过充分的堆积发酵,加入尿素2.5～3千克、石灰2千克,溶于100升水中淋湿,1立方米锯木屑拌和均匀堆沤(加盖塑料薄膜),2周后翻动一次继续盖薄膜堆沤,再过2周即可使用。每立方米基质中,加入过磷酸钙10千克,硫酸钾1.25千克,硫酸铁1.5千克,白云石粉3千克,共同混合而成。江西省农业科学院园艺研究所,研究出一种新配方容器育苗营养土,使用生产蘑菇的菌渣废料2份+塘泥(或火土灰)1份+河沙1份混合而成。或用经过发酵的锯木屑2份+塘泥(或大土灰)1份+河沙1份混合。

国外(如澳大利亚)容器育苗营养土的配制方法是用3倍(容积)经过发酵的锯木屑和1倍(容积)干净河沙,加适量长效颗粒肥料和速效肥料混合而成。美国加利福尼亚大学容器育苗营养土配比成分1/3木屑、1/3泥炭和1/3细沙,在每立方米的基质中加入过磷酸钙1.7千克、碳酸镁岩2.25千克和碳酸钙1千克等全部混合而成。

2. 育苗容器规格

枇杷育苗塑料容器是黑色薄膜袋,其体积长×宽×高分别为12厘米×12厘米×22厘米,底部钻有直径1.5厘米的排水孔6个。黑色容器吸热增温效果好,早春土温上升快,有利于根系生长活动。也可用12丝米厚度的黑色薄膜袋,袋的高度25厘米,直径15厘米,底部钻0.5~1厘米直径小孔用于排水的育苗容器。

3. 育苗场地选择

枇杷育苗场地应选择地势平坦,背风向阳、水电方便、无厂矿工业污染、无病虫害传播的地方。苗床宽1~1.2米,常按场地的地形而定,畦边用砖砌成,容器放置在苗床上,苗床边上安装喷灌管道,冬季和早春采用塑料小拱棚覆盖保温,可以提早幼苗物候期,加速生长。

4. 砧木苗的繁殖

(1)砧木苗的播种期:砧木容器育苗的播种期为5月中旬至6月中旬,选择饱满的枇杷种子,在育苗容器中装3/4容积的营养土,种子播于容器内1厘米深的穴中,根据种子发芽势分别在每个容器中播1~2粒种子,用营养土盖种,洒足水量,在苗床盖上薄膜保温保湿,播种后20天左右便可出苗。

(2)砧木苗的管理:砧木苗床用银灰色遮阳网,设1.2米高架遮光,苗木在8月上旬定苗,每个容器选留1株矮壮挺立的健苗,间苗后浇施10%的人畜粪水,每隔10天1次,粪水浓度随着苗木的长大而逐渐增加,分别为15%~20%。翌年春、夏根据苗情追施3~4次,粪水浓度为20%~25%,结合防治病虫喷药。砧木苗高达50厘米时摘心,促进苗木加粗生长,经常抹除茎干基部萌芽,力争尽快达到培育嫁接砧木苗的要求标准。

(3)嫁接苗的管理:砧木苗在容器中距土面5厘米处,粗度为1厘米左右时,即可在春季开始嫁接。选取健壮母株上的树冠外围一年生充实侧枝作接穗,在采集接穗时及时剪去叶片,进行药剂处理后方可进行嫁接。根据接穗节间长度的具体情况,采用单芽或双芽切接,接口高度距地面10~15厘米。嫁接前对芽接刀等工具,要求在50倍福尔马林溶液中,每隔2小时消毒1次。嫁接后加强成活苗的肥水管理,由于容器苗根系对肥水自然补充受限,必须通过人工及时供给。7~9月份高温期用银灰色遮阳网高架覆盖,防止强光直射,减少蒸发,促进容器苗在高温期间生长。但此期间炭疽病、叶斑病和黄毛虫、若甲螨等病虫极易发生,应注意加强防治病虫害并做好果园的肥水管理。

三、枇杷苗木出圃

枇杷苗木适时出圃,标志着育苗成功,苗木质量符合规格要求。但枇杷苗木出圃必须按照规程进行。

1. 出圃前的准备

苗木在出圃前应全面抽样调查,统计苗木种类、品种、等级、数量,制订出圃计划,向有关部门报告,与购苗单位联系,确定起苗、运苗时间,安排劳力、运输车辆、劳动工具、包装材料等等。出圃前1~2天剪除砧木基部萌蘖,剪去嫁接苗上的多余分枝、老熟枝梢。用1 000倍托布津药液和40%乐果乳剂1 500倍液混合进行消毒,苗圃灌水湿地以免取苗时损伤根系。

2. 出圃苗木规格

(1)品种纯正:出圃苗木要具有枇杷优良品种特性,砧穗组合好。

(2)植株端正：苗木主干端正，苗高 60 厘米以上，茎粗（高地面 10 厘米处）1 厘米，嫁接口至顶芽长度 25 厘米，植株着叶数 10 片。

(3)苗木根好：出圃苗木根系要求侧根 2 条以上，根的粗度 0.3 厘米，长度 20 厘米，须根较多，无病害。

(4)苗木健壮：出圃苗木茎、叶，没有属于检疫对象的病虫害。要具有检疫部门的各种证件。以防苗木传播病虫害。

3. 苗木出圃时间

根据枇杷为常绿果树这一特点，苗木最佳出圃时间应在 9 月下旬和翌年 2 月下旬。此期间的土温、气温较高，定植后有利于根系恢复生长，成活率高。容器育苗根系完整，带土出圃，随时可以定植，都能成活。故容器苗一年四季可以出圃移栽。

4. 起苗分级包装

苗圃在起苗前一两天灌水湿地，让苗木吸足水量和便于挖苗，减轻劳动强度，减少根系损伤。挖起的苗木放到阴凉处，进行分级包装外运。每 50 株或 100 株扎成一捆，泥浆蘸根后用塑料薄膜包扎减少蒸发。运输中要严格防止日晒雨淋，注意遮荫通风，严防包内发热烧伤苗木。到达目的地后及时拆开包装物，把苗木根系浸入清水中 1~2 个小时，让根茎吸足水分，提高定植成活率。

第五章　科学建枇杷园

枇杷已为生产实践证明,具有明显的生长优势和产量优势。但是由于受综合因素的影响,如枇杷果树对外界环境条件反应较为敏感,在很大程度上取决于温、光、水、肥、土等生态因子,能否适应和满足枇杷正常生长发育以及产量形成的要求。只有当这些生态因子有利于树体正常生育时,才能达到丰产、优质、高效。反之则明显受到抑制,甚至导致严重减产、质劣,效益受损。因此,掌握枇杷果树对环境条件的反应与要求,进行科学建园,正确制定新的栽培技术措施,是很有必要的。

现在,我国枇杷生产的发展正在由数量型向质量型转变,由枇杷生产大国向枇杷生产强国转变。今后5~10年是我国枇杷大规模更新换代的关键时期,新的栽培方法应从技术、苗木、设施上进行提升。新建果园的特征包括区域化优良特色品种和砧木、现代矮化密植栽培制度、高光效利用与整形修剪技术、果园机械化与数字化技术等。

一、园地选择与规划

枇杷是一个经济寿命较长的多年生果树,一经定植就在这样的果园环境条件下生长结果达几十年。因此,必须根据枇杷果树的生长发育特性及其对环境条件的要求,在建园前进行全面、细致地勘测调查和科学规划。充分利用有效的自然条件,克服各种不良因素的影响。当园址选好了以后,全面规划,合理安排开垦等高梯田,配备道路、水利设施、防风林带、种植品种等。针对上述规划,还应结合考虑近期与远期、果业与牧业、场房建设与农业机械等原则,建成一个理想的优质高效枇杷园。

二、生态果园的建设

枇杷生态果园建设包括开山、养山、保蓄水源、保护田园、巩固和治理果园土壤流失等根本措施,这些直接关系到山地栽植枇杷果树的成败。我国枇杷种植区在南方,这里雨量充沛,夏季常遇暴雨,加之红壤物理性状差,因此,建设一个生态枇杷果园基地,必须搞好水土保持工程,如在建园时忽视水土保持工程建设,极易引起果园严重的水土流失。所以要根据不同坡地采取不同的措施。

1. 山地建园

南方山地建园要从有利于枇杷果树生长发育,保证果实品质优良和高产稳产和便于生产管理及具有优良的环境出发,将山、水、园、林、牧、路综合考虑,全面科学地进行规划。

(1)水平梯田的建设:山地建园采取等高线建造梯田,能减缓坡度,拦截大部分径流,有效地控制水土和改善果园生态环境。

(2)丘陵山地的开垦:建在山丘的枇杷果园全面进行机械垦复,便于果园作业管理,是保证山地果园经济效益的一项重要工程。

(3)梯田台面的标准:根据原山坡的坡度而定。坡度越高,台面越窄,梯壁则陡,修筑梯田的成本造价更大。山地枇杷园的梯田台面宽度,一定要保证达到3米以上,才能便于枇杷果园的耕作管理,有利于果树生长发育。对于坡度较大的陡坡地,只宜用作造林。

2. 营造防风林

果园的山顶陡坡上不宜种植果树,只能适合营造防风林带,降低风速,提高空气相对湿度,调节温度,改善果园的生态环境条件,保护枇杷果园免受风灾,减轻冻害。枇杷果树的根系浅,是一个根冠比很小的果树树种,在我国东南沿海地区台风频繁的山丘地带,种植枇杷树极易被大风吹倒或连根拔起。经常刮大风还会引起叶片摩擦果实表皮,丛而影响果面外观品质。因此,在规划枇杷果园时,对防风林的营造很有科学性。防风林的营造规划,应在枇杷树定植前1~2年开始种植防风林,或与果树栽植同时进行。为了避免防风林对第一行果树的光、肥影响,可在中间空出10米距离作隔离区,并在防风林与果树之间挖一条深沟,切断防风林根系以免与果树抢肥。防风林需设立主林带和副林带,组成防风林网。主林带必须与主风向垂直,栽植5行树。副林带与主林带垂直,栽植3行树。防风林的树种应选择适合当地的立地条件,速生快长,树冠直立高大,寿命较果树长久,防风的效果才好。防风林同果树没有共患的病虫害。经济价值高的建材林或果树的蜜源等,在南方地区可选择杉、松、竹等树种。

3. 小区设计

根据枇杷果园的地形地势和土质特点,全面规划成若干个种植小区。规划时要以有利于水土保持、防风、生产操作、排水灌水、交通运输和方便经营管理为原则。每个小区面积为0.67~1.33公顷(10~20亩)比较适宜。小区的形状采用带状排列,其长边基本为等高线。

4. 排灌设置

山地枇杷果园的排灌设置,包括蓄水、引水、排水和灌水四个方面。这是确保果树生长良好、丰产稳产、果实高质的重要措施。根据丘陵山地建造果园易受干旱威胁的特点,首先考虑的是灌溉设置规划,如提水灌溉,从山下的河、塘、水库抽水上山;在果园高处修建小型水库蓄水;园内布点建造蓄水池。其次按果园园区面积、地形、地势方向,顺道路安装输水塑料管,或干渠、支渠、水沟、水圳,拦截山上、园内雨水进入蓄水池和小水库,以备旱季供果园浇灌用水。水沟深 1~1.5 米,沟底宽 0.5~0.7 米,沟壁的坡度比为 1∶0.5 米,沟底要有 0.3%~0.5%的降坡,形成排灌网。

5. 道路系统

根据果园的运输量和机械化操作水平,例如果树每年所需的肥料用量,果实每年的采收量等都需要便捷的交通条件。在建园规划中应把交通列入重点,包括主干路、支线路和步行小路组成交通网。主干路宽为 4~5 米,位置要适中,通达全园连接公路;支线路宽 2~3 米,相接干路供小型机动车辆,如手扶拖拉机、农耕机进园操作。主干路、支线路要和果园的各小区,依地形地势建造成迂回弯曲的盘山路;步行小路是果园小区间通向支线路的路,宽 1~1.5 米,为园内人力车辆运输、活动的道路。在设计上又要与梯田结合。道路占地是果园总面积的 5%。

6. 房屋规划

新建一个比较完善的果园,应将简单的办公房屋、宿舍、仓库、温室、畜舍等应列入规划之内。其位置应设在果园道路方便、地势较高的朝南方向,且有利指导管理的地方。

枇杷果园如建立在平地、平坦旱地、沿海风沙地、滩涂地、江河岸边的沙洲地以及山谷沟地,必须考虑地下水位,因为这些平地的地下水位都比较高,极易引起枇杷根群生长不良,甚至引起烂根死树。因此,要做好排水设施,特别要降低地下水位,结合果园道路规划,顺道开沟排水,将开沟挖出的土培高植树地势,降低地下水位,拦截地面径流的涵养水分,抵御旱涝侵害。

三、苗木定植要点

枇杷果园多数建在丘陵山地,都是红壤,土质贫瘠,理化性状较差。在定植枇杷果苗之前,经过整地,清除杂草、灌木、树兜,机械翻耕耙平,最好在定植前一年或半年完成整地,不能边整地边定植,更不能不整地定植。然后再进行挖大穴,重施有机农家肥料,改良土壤。定植穴直径1米,深1米,充分结合这次开大穴施大肥的机会,这是一条大改土的有效技术措施。有机农家肥料可就地取材,如各种作物秸秆、绿叶嫩枝以及垃圾厩肥等,混合施入穴内,结合放少量石灰、磷肥、饼肥。每穴施用量为50千克上述的各种混合土杂肥料(每穴应加入过磷酸钙1千克,生石灰1千克)。但在施用时磷肥、生石灰不能混合在一起,必须分开施入。土杂肥每穴分3~4层,每层应与土充分混合均匀。施完基肥回填表土(稍比地面高出20~30厘米),然后在穴内灌水沉实,才进行定植果苗。

1. 定植密度

新建的枇杷果园定植密度应选择2米×3米、3米×4米的株行距,每667平方米栽植株数分别为111株和56株,确定定植密度再进行定植点的规划、挖穴施肥。枇杷果园种植行向,目前南方枇杷产区多采用南北方向。枇杷果园的栽植密度,一般应根据当地的种果水平,土地的肥沃程度,雨水分布状况选择合理的栽植密度。这样,才能达到合理利用地力的目的。果树个体与群体的关系既受一定的营养面积和通风透光条件的制约,又要便于劳作管理。选准了定植密度和行向,更加便于果园前期间作套种绿肥与经济作物,能够充分提高土地的利用力和产出率。

2. 密植意义

近年来,枇杷栽培制度发生了新的变化,密、矮、早、优质高效是现代枇杷栽培制度的主要特征和标志,也是枇杷发展的趋势和方向,密植栽培模式树冠矮,管理方便,节省劳力,丰产提早,高回报快,通风透光,果实品质好,便于标准化作业等优点;是现在枇杷生产先进地区普遍采用的栽培新技术。采用密植矮化栽培模式,改良树型,充分利用太阳光能,一株成年丰产树能结20多公斤鲜果。新建枇杷园在果园选址、品种选择、栽培密度到肥水管理、整形修剪及病虫害防治等方面都能做到规范操作。

3. 定植时间

枇杷果苗定植时间,一年中以春、秋两季为宜,但秋季定植为最佳期。10月上中旬,可以充分利用此期间较暖和的气候,能使果苗根系生长,成活率明显高于其他时候定植(最迟在冬初季的11月中下旬)。这时定植后到翌年春季即可发出新根。如冬季较冷或太干旱地区,可以选择春季3月上旬,春梢萌动前定植,过迟定植会影响春梢抽生。

4. 定植方法

枇杷苗木在定植时,用消毒泥浆蘸根后,将苗木置于定植穴中心,根系舒展摆在定植穴的土壤中,用手挟正果苗,边回填细土,边用脚踏紧踏实,浇透定植水,使根系与土壤紧密愈合,待定植水落干后,再复填细土盖平水窝,最后在树盘上覆盖黑色塑料薄膜,保湿保温。提高成活率。

5. 地膜覆盖

南方枇杷产区秋冬干旱少雨,树苗定植后树盘需要覆盖地膜,减少蒸发量。同时使蒸发的水分通过地膜凝结成水珠回落到土中,保持土壤湿度,起到保墒作用。春夏季节遇到降大雨、暴雨,能起到防止水土流失和防涝的效果。冬季又可预防低温冻害,促进根系正常生长,由于地面湿度、温度稳定,土壤的通气透水性好,有利于好气性微生物活动及多种酶的活化,加快有机物质和腐殖质分解转化,速效性养分增加。地膜覆盖后还增加果园株行间的光照强度,减少空气流通阻力,改善了果园小气候。对地膜的要求:颜色以黑色为好,可减少杂草生长;宽度1米左右,厚度0.007毫米微膜,每亩用量4.5公斤左右;膜的拉力要好,其拉伸强度大于或等于100千克/平方厘米,断裂伸长率大于或等于100%,耐老化,能保持一定覆盖时间;展铺性以选用高压与线型聚乙烯和高压与低压聚乙烯共混微膜为宜。这种地膜成本低,强度高,不粘卷,不卷边,膜与地面易贴紧。铺膜时注意只能拉紧,不能拉长,避免地膜破损降低膜的使用效果。

6. 品种搭配

枇杷大面积栽植要做好早、中、晚品种搭配,是合理调配采收劳力和均衡市场供应的重要措施。在我国南方沿海地区的枇杷成熟较早,每年4~5月份大量采收上市,该产区亦可按4∶6或5∶5搭配早、中熟品种;江苏、浙江、安徽等产区应以中、晚熟品种为主,或早、中、晚按(1~2.5)∶(5,6)∶(2~4)搭配;云南、贵州、四川、陇南、陕西等产区早、中、晚按3∶4∶3搭配,主要供应本地和中西部地区。因此,枇杷品种搭配,必须根据不同地区进行合理搭配,以缓解枇杷成熟期过于集中和销售的矛盾。

7. 配置授粉树

根据国内外研究证明,枇杷大多数品种是自花授粉,但部分品种为自花不实。浙江余杭试验表明,当地的大红袍品种和夹脚品种出现了自花不实现象。同一块果园地应栽植2~3个品种,并要选择花期相同,最好是花期相遇,成熟期也相近的品种,以便授粉、果实采收和销售等统一管理。在同一果园每栽2行主栽品种旁边栽植1行授粉品种,即2/3为栽果树,1/3为授粉果树。为了提高枇杷的坐果率,在枇杷开花期果园内放养蜜蜂和招引昆虫,帮助提高授粉率。

第六章 枇杷栽培技术

枇杷优质栽培新技术是传统栽培技术的发展和补充。新的栽培制度在优质枇杷生产中起着非常重要的作用,传统栽培会使果园密闭,光照不良,管理费工,产量偏低,品质较差,而且需要的肥水多,栽植空间大,管理成本高,是一种高消耗、低产出的栽培方式。掌握栽培新技术会带动枇杷产业的整体发展,惠及广大果农。

加强土、肥、水的管理,能保证定植苗的成活率,幼林速生早结果,成年树高产稳产。

一、土壤管理

土壤是果树生长发育的基础,是供给树体生长所需水、肥、气、热的源泉,各种物质和能量转化的场所。枇杷是一个对土壤适应范围较广的果树。无论是山区、丘陵、平原均可种植,就是在贫瘠的荒坡栽植同样能够成功。为了发挥枇杷的生长优势和增产潜力,在栽培上必须重视土壤管理。我国的枇杷果园普遍存在土壤潜在肥力低下,耕作层有机质分解、氧化矛盾(这是亚热带地区各类果园土壤普遍存在的问题)。所以对于建立了枇杷果园不能采取种完、事完的粗放做法,决不可放松对果园土壤的管理,而要把果园土壤管理当作丰产稳产措施的重要组成部分,长期投入必要的劳力、资金,创造有利于枇杷果树生长发育所需要的水、肥、气、热条件,保证枇杷生产持续稳定发展所需的肥沃土壤。

1. 深耕改土,提高土壤肥力

果园土壤逐年加深耕作层,是提高土壤肥力的有效措施。根据试验和果农的经验主要原因有以下几点。一是疏松土壤,加厚活土,改变土壤结构,使土壤容重减小,孔隙度增大,提高土壤蓄水保肥能力。二是为土壤微生物创造良好的生活环境,促进土壤有益微生物的繁殖与活动。三是加速果树根系的生长发育,使根系在一定范围内随着耕作层的加深而伸展范围扩大,总根量显著增多,营养面积加大,果树根深叶茂,抗旱耐涝,更加健壮。四是土壤通过深耕后使犁底层不易被果树吸收利用的养分释放出来,转化为有效养分供根系吸收利用。据测定,在 0～30 厘米土层中的速效养分,深耕 40 厘米的比浅耕 12 厘米的速效氮增多 21.9 ppm,速效磷增多 8.6 ppm,速效钾增多 9.7 ppm。此外,土壤深耕熟化还有利于消灭多年生杂草和越冬的地下害虫。

2. 间作套种,增加有机质养分

枇杷果苗定植后,果园的土壤管理是调节和改良土壤条件的最基本措施。在幼树期(结果前)树冠小、树根占地很少,可以充分利用行里株间的空隙土地,进行套种绿肥及其他农作物,将收获的绿肥和作物秸秆翻埋到果园土壤中,是果树重要的有机肥源。每吨绿肥鲜茎、秸秆可为土壤提供 200 千克有机质,5 千克氮素,2 千克磷素,4 千克钾素。这些套种的绿肥可以增加土壤有机质含量,同时有机质对提高果树树体营养水平,调节果园土壤的水、肥、气、热非常有益。据观察,7 月高温季节,套种绿肥(蔬菜)果园土壤地面温度降低 16.3℃,土壤含水量增加 8.5%,5 厘米以下土温降低 9.1℃,10 厘米以下土温降低 9.3℃。所以枇杷幼树果园采取套种绿肥,是土壤管理措施的核心,是果园旧栽培制度的重大改革。既利用了绿肥覆盖地面,减少杂草生长和水土流失,又充分提高了土地的产出率和土地的利用力。实现了以小肥养大肥,以园养园,以短养长,以近养远。大大节省了果园管理的专用劳力和资金,创造了果园前期多层次立体种植模式与良好的果园土壤管理制度及果园的生态环境条件。幼龄枇杷果园套种的绿肥、作物品种;一般要求选择浅根矮秆,生长快,覆盖面大,茎叶繁茂,产量高,病虫少的种类。如印度豇豆、花豇豆、猪屎豆等,耐旱耐瘠,生长期较长,可割青2～3次。间作的经济作物品种有花生、豆类蔬菜等。3月下旬～4月中旬播种。冬季套种黑麦、油菜做绿肥,蚕豆、豌豆作物。于9月下旬至10月上旬播种。这两茬收获的绿肥、作物秸秆是果园最好的有机绿肥料,收获的豆类、花生增加了现金收入,又管好了果园,加快了幼树的生长发育,是一举多得的好事。但套种的作物不能种块茎、块根类的红薯、萝卜、瓜类,极易招引白蚁危害果树根部。作物套种应在幼树的树冠外围,防止与果树争夺肥水。果园的间作套种(绿肥、作物)技术,现在尚未能在枇杷生产上当成一种正常栽培制度和措施而得到较好的推广应用。特别今后在绿肥套种方式与应用技术上,做到扩大肥源,加速改良土壤,提倡绿肥就地直接翻犁利用,减少挖穴、刈割劳力,培肥果园耕作层。企盼我国枇杷果园间作套种绿肥(作物),能够尽快提高到一个新的水平。

3. 深翻熟化,改善土壤通气性

枇杷果树吸收根的好气性强,在腐殖质丰富,土壤通气状况良好,水分温度适宜和在微酸的土壤环境里,根群才能迅速生长。增加果树吸收根的数量,提高吸收肥水能力,供给地上部的枝叶、果实生长发育的养分。因此,对土壤进行精细耕作管理,是枇杷果园土壤管理的一项重要措施,是抗旱保水的需要,也是为果树根际创造深厚疏松肥沃土壤环境条件。幼龄果园结合间作套种绿肥(作物),经常进行较深的中耕。成年果园每年进行1～2次犁翻深耕,雨后进行多次除草锄地，通过这些中耕施肥，供给了土壤养分、水分和提高通气性，使果树根系生长良好。由此，果园能够长期保持土壤疏松，长期保持土壤湿润，长期保持地面无杂草，才是最理想的高产果园。

4. 扩穴施肥，改良果园土壤

枇杷果园扩穴改土的时间，定植后1～2年的幼树以9～10月为最佳时期。在此期间进行扩穴改土，可以切断部分吸收根，有利于保护秋叶，促花结果。在这个时间段里，农家有机肥源充足，气候凉爽，适宜果农进行施肥作业。扩穴改土的方法（图6-1）：每年轮换在原定植穴周围的株间或行间各挖一条深40厘米、宽50厘米的施肥沟，沟长随果树年份而逐渐增加。扩穴改土适用的肥料种类，可以就地取材，广辟肥源。肥料用量按改土坑的体积安排，每立方米施肥坑（沟）用绿肥、土杂肥、作物秸秆合

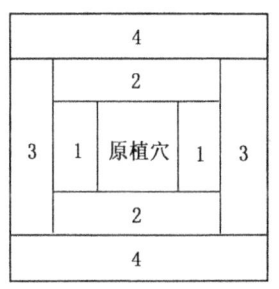

图6-1　方形扩穴改土位置轮换示意图

1、2、3、4表示年度次序

计30～50千克，筛过的垃圾土、蘑菇土共50～100千克；钙镁磷肥（或过磷酸钙）1.5千克；熟石灰粉1千克。上述肥料分3层压埋（灌木杂草等粗料填入穴底层），腐熟的猪、禽粪与园土混合施入沟（坑）上层再填土，以利培肥枇杷果园土壤。

5. 培土护树，促进根群发展

培土护树是枇杷园水土保持，培肥地力的重要措施之一。幼龄枇杷树没有进入结果之前，树体较小，培土不仅可以增加根系活动土层厚度，以利保护根群，而且有施肥和改良土壤性状的效果。成年枇杷树培土，对提高土壤保水性能效果大。因此，经常性的培

土,有利于克服我国沿海地区的秋旱,减少大小结果年现象。培土材料如溪边的冲积土、塘泥土、火烧土等。培土时期通常在秋末或初春,结合深翻进行,每株幼树培土100千克,成年树每株培土250千克。

6. 树盘覆盖,创造适宜环境

枇杷树盘覆盖,能克服和改变许多不利的土壤因素,是为了果树生长发育创造较好的环境条件。树盘覆盖材料通常采用杂草类和黑色薄膜,杂草类材料多为稻草、麦秆、树叶等,厚度5~10厘米,用黑色薄膜有明显增温效果。覆盖时间从11月至翌年6月份,土温可增加4~5℃。7~9月份气温升高,由薄膜改用稻草(或其他草类材料)。树盘覆盖前要进行一次松土、施肥、清耕,冬肥、春肥在覆盖前1次施足,以免在中途揭开覆盖物。

二、施肥管理

我国劳动人民在长期的生产实践中,积累了很多丰富的施肥经验。早在2 000多年以前,《荀子·富国篇》就记载有"民富则田肥以易,出实百倍,民贫则瘠成秽,出实不半"之语,已充分认识到施肥与增产的关系。其后进一步明确了各种肥料的作用,提出适宜施肥时期。枇杷果园施肥不仅能供结果树养分,而且在改良和培肥土壤上更起到很重要的作用。因此,对枇杷园必须有计划地增施肥料和合理追肥,这对于提高枇杷叶片营养水平,促进抽生新梢,培养结果母枝,提高产量和质量,缩小大小年结果都会起到关键作用。枇杷结果树施肥,远比幼树施肥更为复杂,要求更加严格。因为肥料对果树枝叶营养生长、花芽分化和坐果力强弱都有影响。合理施肥要根据枇杷树的生物学特性和生态环境及施肥时期与施肥数量来调节果树的生长、结果,达到"三壮"(壮蕾、壮花、壮果)、"两提高"(提高产量、提高果实品质)的目的。

1. 掌握枇杷的需肥规律

随着枇杷生产的飞速发展,现在广大果农迫切要求迅速掌握高产与需肥的关系,提高枇杷果树的施肥水平,减少施肥的人力、物力、财力浪费。当前"增肥不增产"成为摆在枇杷生产面前的一道难题。按照土壤学理论,过量施用化肥,土壤中氮素和磷素养分会大量积累,对环境造成破坏。单纯依靠持续增施化肥用量以达到果实增产的时代已经过去。尽量做到适时适量对土壤养分供应精确调控,同时与优质栽培、水分管理等技术相结合。如能掌握枇杷的施肥规律,依据土壤的供肥能力和肥料效应及预期目标,在增施有机肥的基础上,按照氮、磷、钾和微量元素的适用量进行科学配比,合理施用,就能达到年年丰产,这是当前枇杷生产上的重要课题。但可以结合果农在生产中总结的"看苗施肥"经验,根据果树的长相来判断需肥状况,作为果树施肥的依据。按照果树各个不同生育期的长相和需肥规律指导施肥,提高肥效,降低成本。

枇杷是一个需肥水平较高的果树,它与其他果树不同的是:①由于枇杷树的叶片生长旺盛,一年抽生多次新梢,挂果期长达6~7个月之久,这些生理特点使枇杷需要营养物质多;②枇杷的根系欠发达,在土壤中所占面积小,吸收营养相对要少,故需要不断施肥补充养分;③枇杷树的枝、叶中需要贮备一定的营养物质,供给树体生长和结果时的需要。根据上述枇杷树对肥料需求量大的情况,如果施肥不足,容易影响树势、产量、品质以及经济寿命。

2. 枇杷对矿物质营养的需求

枇杷需要多种矿物质营养元素,其中有的品种需要量较多,如碳、氢、氮、磷、钾、钙、镁、硫等,即称为常量营养元素,是果树生长发育不可缺少的。但每一种元素对果树来说所需的量不同,氮、磷、钾、钙、镁、硫等需求量较大,亦称大量元素。硼、锌、钼、锰、铁、铜、氯、硒等,在树体各组织中存在量极少,则称微量元素。枇杷在常量元素中需要的顺序是氮素最多,其次是钾,再次是磷、钙和镁。微量元素中需要的顺序是硼素最多,以下依次是锰、铁、锌、铜和钼。碳、氢可以从空中和水分中获取,其他矿质营养均需要通过土壤有机质和施肥加以补充调节,氮、磷、钾、钙、镁、硼几个营养元素和微量元素对枇杷生长发育的作用分别介绍如下。

(1)氮:是果树最重要的营养元素之一。氮和有机体的生命活动有着不可分割的联系,叶绿素 a 和叶绿素 b 的分子中都含有氮。氮不足时叶绿素的含量就会减少,光合作用减弱,碳水化合物和蛋白质的形成受到限制。同时氮也是组成酶的重要元素,酶的活性直接影响果树树体内各类物质的合成、转化。此外,果树体内的核酸、卵磷脂,各种生物碱、多种维生素都含有氮,没有氮这些物质就不能形成。供氮充足果树就会生长繁茂,叶片绿色正常,提高光合效能,增加较多的营养积累,有利于成花、高产。枇杷树对氮素较敏感,用量适当能使枝、叶多而健壮,光合作用亦强,养分增加。如果在生产上供氮不足或缺氮,果树生长就会不良,树体容易衰老,新梢不能及时抽生,叶片颜色淡黄细小,后期叶片黄绿相间的症状明显,近叶脉处较绿,叶面黄绿色,新叶老叶均易脱落,果实变小,根少而又生长差,多数成胡须状。供氮过多会出现徒长,花芽少,造成落花落果。

(2)磷:同样是果树最重要的营养元素。磷是以无机磷和有机磷二种形态存在果树体内。无机磷大多集中于根、枝、叶各输导组织中,为各种可溶性磷酸盐。它能在树体内移动并进一步合成有机磷化合物。有机磷在果树体内的核蛋白、磷酸、磷脂、磷酸腺苷和多种酶中存在。磷与果树体内各种生理活动有着极其密切的关系。磷在果树的碳水化合物形成、转运、积累上有着特殊的作用。磷在枇杷花、种子、新梢和根生长点中积累最多,能促进花芽分化、新根生长,提高果实品质。枇杷果树缺磷,表现叶色深绿,叶片细小,叶面出现皱缩,新芽变黄,新梢生长缓慢。严重时花器生长发育不良,落果多,坐果少,根系生长同缺氮相似。叶尖的叶绿出现棕褐色,边缘枯斑向主脉扩展。

(3)钾:是果树生长的必需元素。钾以离子状态存在果树体内,有少部分被吸附在原生质表面,主要都集中于生命最活跃的部位。如新芽、幼叶、根尖等处。因此,钾可移动而被利用。所以在生产上需施足钾肥,钾对促进糖的转化和运输,增大果实,提高产量和果实品质起着重要作用。钾在枇杷果树体中,常从老叶和成熟组织移向嫩芽、新梢中。钾素对果实发育至关重要。在生产上供钾不足,树体内新陈代谢功能出现障碍,植株表现出一种缺钾病态,即叶片尖端、边缘发黄,叶色变淡,果实细小,表皮颜色不正常,容易裂果,果实含糖较低,果味变淡,树体抗逆能力较低等症状。

(4)钙:是果树细胞壁的组成部分。枇杷缺钙则细胞壁不能形成,细胞分裂受到阻碍,幼芽先端变褐枯萎,嫩叶尖端黄化,慢慢扩大至叶脉,病叶比健叶要窄小,变得狭长,黄化早落,树顶上部出现落叶光枝,严重时出现生理落叶落果。在南方酸性过重的红壤枇杷果园最易缺钙。但在酸性强的土壤中施用石灰,能中和酸性,增加有效钙,可改良土壤结构。

(5)镁:是叶绿素的组成部分,是某些转化酶、去氧酶的活动剂。镁可促进磷酸盐的吸收和运输。枇杷如果缺镁,叶片呈现缺绿征象,叶绿素难以形成,叶脉为绿色,只有叶脉间的叶肉变黄绿色斑块,植株生长停滞,结果较多的枝条上缺镁后症状往往严重,酸性土壤的果园易发生病害。

(6)硼:枇杷果树体内硼含量因品种不同而各异。硼在果树体内的作用,目前还不完全清楚,现在只知道硼对植物体内的碳水化合物运输中和生殖过程都起着很大作用。缺硼果树的一个重要特征是不能形成或形成不正常的生殖器官,所以在花粉形成和受精过程中必须有硼。在果树生产上供硼充足,能促进花粉发芽,花粉管伸长,提高着果率和果实品质。如施硼量过多会抑制花粉芽的萌发。果树若是在缺硼的情况下,花器管中花药和花丝萎缩,花药造孢层组织被破坏,造孢层细胞变形。如在柱头与花柱中积累大量的硼,即可保证受精作用的顺利完成。

(7)微量元素:是果树生长发育所必需的营养元素。如硼、锰、铜、锌、钼等。在干物质中含量不超过 100 ppm 就属于微量元素。这些元素是生物体正常生长发育所不可缺少的。土壤中微量元素含量过高或过低会引起果树的不良反应。当微量元素不足时,果树会出现养分缺乏症,微量元素缺乏严重时导致减产甚至影响果实的商品价值。果树所需要的微量元素主要来自土壤,在土壤中微量元素供给不足的原因,与土壤类型和土壤条件(如酸碱性、氧化还原电位等)有密切关系。土壤中微量元素的含量、形态和分布情况,是施用微量元素肥料的重要依据之一。如锰肥,在土壤中普遍含量偏低,枇杷果树缺锰的典型症状是叶脉间失绿,叶缘上有棕色斑点。据试验,缺锰地区施用锰肥可以增产。又如锌肥,锌能促进果树对氮、钾、铁等元素的吸收,锌不足时叶片发生条带式失绿,锌在土壤中移动很慢,在基肥中每亩用 1 公斤硫酸锌加入拌匀,采取撒施或条施均可。再如钼肥,是一个高效能肥料,用量少,肥效高,钼肥在土壤中含量低于 2 ppm 就应补施。目前常用的钼肥主要有钼酸铵、钼酸钠等速溶钼肥。

3. 枇杷树的施肥时间

根据枇杷果树一生各生育期的情况,施肥可分为幼龄树、结果树和衰老树三个阶段。从一年中按每次抽发新梢期又分为春梢肥、夏梢肥、秋梢肥和冬梢肥。

(1)幼龄树期的施肥:枇杷树幼龄期从定植开始至结果前 2~3 年内的施肥情况,第一年以保成活为主的施肥管理。幼树因根量少,根在土壤中分布浅,扩展慢,此期间的施肥原则应是"薄肥勤施",施肥养根,用肥引根,促进根群发展。据我们多年观察,定植后的枇杷苗木极易抽发新梢,往往被误认为已成活,但只要一遇到高温、干旱天气,叶片蒸发量大,如浇施肥水不及时,这种假活苗就会枯死。所以要浇水结合追施稀薄肥水。苗木新梢开始抽生前,每株定植苗施用0.3%尿素水、0.1%硫酸钾液加入到5千克水粪中,按照这个量每隔15天左右追施1次,肥料浓度视苗情逐渐增大而随之增加,定植的苗过了伏天成活稳定。定植后第二年是促根长枝阶段,用肥量依次增加,每株施稀薄人畜粪水10千克加入三元复合肥5克。枇杷树定植后的第三年,由长苗期转入结果期,阶段发育从枝叶营养生长进入花果的生殖生长,每年施肥次数相对减少,着重采取攻头,减少氮肥施用量,增加磷、钾肥,减慢树势,促中、短果枝顺利转向生殖生长,进到开花结果期。但对幼树施肥浓度不宜太高,以防灼根使树苗出现滞呆,应使幼树成活后尽快形成树冠,一年施肥5～6次。在春梢、夏梢、秋梢前后各施一次粪水,在稀薄的人畜粪水中加入少量尿素。到秋、冬季深施一次重肥,每株幼树施土杂肥50千克、腐熟禽畜粪10千克、骨粉0.5千克、过磷酸钙0.25千克,混合后沟施。幼树的第二年是培养树形骨架,扩大树冠,应着重培养健壮春、夏梢,促发结果母枝组。因此,在春、夏梢生长发育期要勤施肥,由于枇杷花芽属于夏、秋分化型,此期增施磷、钾肥甚为重要,可促使枝梢充实,花芽分化良好,有利于第三年进入初果期。在秋季不要施用速效性氮肥,控制秋梢生长,减少养分消耗,让枝梢能积累更多养分,为第三年结果奠定基础。据试验表明,枇杷苗木定植后的第三年,在施肥技术上注意适期合理进行配方施肥,避免偏施氮肥,增加树体营养,分别施好芽前壮蕾肥,每株施复合肥0.25千克;幼果期间施保果壮果肥,每株施复合肥0.5千克,夏、秋季每株施腐熟禽、畜粪5千克。通过配方施肥,使梢、果生长发育阶段和花芽分化的各个时期都能满足对养分的需求,并结合整形修剪,病虫防治等综合栽培技术措施,达到早结果,早获益。

(2)结果期的施肥:枇杷树进入结果期的施肥,主要有基肥、追肥和根外施肥等三种方法。

1)基肥:枇杷施用基肥能够在较长的时期内均衡供应果树的养分,除维护树体营养需要之外,还兼有改良土壤理化性质。改善土壤结构,提高树体抗寒能力。基肥施用的时间应为8月下旬至9月下旬,结合扩穴深耕。此时期果树根系吸收部分营养贮存,而大部分有机质在土壤中经过充分腐热分解,到秋冬季开花时可供给果树吸收利用。基肥施用量应占全年施肥量的30%以上。

2)追肥:枇杷果树施追又叫补肥。追肥可以提高鲜果产量和果实品质以及不断提高土壤肥力。追肥是一项复杂的农业技术,如枇杷追肥时间需根据果树的物候期和生长结果期的需要来确定,追施花前肥、壮果肥和采果肥。

花前肥:枇杷果树施用花前肥是在9~10月份,此期正值花穗开始抽出(即开花之前),尽管树体内积累了一定的营养,但仍不能满足这时生殖生长对营养的要求,所以必须追施适量速效性肥料。追施花前肥既可提高坐果率,又能使枝梢正常生长。施肥量占全年施肥总量的20%。如树势较旺或花芽量少的果树,花前肥不宜追施。否则会促使枝梢旺长而造成大量落花落果。

壮果肥:枇杷果树追施壮果肥应在2~3月份谢花后施用。此时不仅幼果迅速膨大,而且新梢即将抽出,是需要营养的关键时期,若未及时追肥补充营养,会出现大量落果和枝梢(春梢)抽生不良。壮果肥的施用量应占全年施肥总量的10%以上,除氮肥外,特别注意追肥磷钾肥,促进春梢抽发充实和幼果膨大。这次追肥又是全年中根系生长最快时期,但宜浅施,以免伤害根系。结合追施壮果肥的同时增加2~3次根外叶面喷肥,供幼果膨大需要,提高当年鲜果产量和果实品质。

采果肥：枇杷在5～6月份收获前重施采果肥。主要是使采果后的树体养分得到迅速补充，恢复树势，促进夏梢抽发健壮，为花芽分化、保护叶片、维持同化功能及制造与积累养分创造条件，为翌年丰产打下基础。这次施肥量应占全年施肥总量的50%～60%，将速效性与迟效性肥料相结合。

(3) 衰老树期的施肥：枇杷果树在衰老(弱)后期表现为根系吸收能力减弱，树体枝叶提早衰黄，甚至枯落，因光合作用缓慢根系吸收能力降低，果树产量少，果实品质差，此期主要矛盾是如何维持根系和枝叶的活力，增加营养体光合产物的转运率，以增大经济系数，此时期的管理措施主要是加强施肥和整形修剪。使老弱树体出现新梢萌发，枝叶繁茂，恢复树势，提高结果能力，延长结果期限。

加强肥水管理和病虫害防治。衰老(弱)枇杷果树的改造应重施采果肥，施用量占全年施肥总量的50%，结合深翻土壤，每株果树施入人畜粪水30千克、尿素0.5千克、饼肥3千克、堆沤的厩肥25千克。同时用适宜浓度的磷酸二氢钾、尿素、高美施和微量肥料，多次进行根外叶面喷肥，结合做好病虫害的防治。

加强枇杷衰老树的更新修剪。采果后对衰老(弱)树进行一次全面的更新修剪，以回缩树冠为主。树势不过分衰老，采取回缩树冠为主的修剪方法来调节光量，恢复树势，每年修剪时不超过全树1/3，2年左右更新完毕；需要全树更新的衰弱老树，应在主枝、副主枝上有计划重截(是指对过高主枝)，重截部位离地2.5米左右，除去衰弱枝、多节枝、密生枝、交叉枝和病虫枝。回缩4年生枝条，通过更新修剪，使光照能进到内膛和下部，促发健壮新梢，保留内膛细枝、短枝、基部枝梢，防止内膛过空。重截更新时注意包扎和保护修剪伤口，可用塑料薄膜包扎或涂刷保护剂。以防病菌从伤口侵染。

适量除去枇杷树的萌芽顶心。老弱果树重剪后10～15天左右会萌发新梢,要注意适时除去过多的新梢,留下2个方位好的壮梢,待枝条到30厘米时及时摘掉顶心,促进早发分枝,形成结果枝群。

4. 枇杷树的根外追肥

根外追肥又叫叶面施肥,一般果树所需要的养分主要是通过根系从土壤中吸收,但枝、叶、果等器官不同程度地具有吸收养分的功能。采用液肥对树冠进行根外叶面喷施方法追肥,有利于快速吸收以满足对某种元素的急需和缺症的纠正。例如,当果树因缺铁而出现失绿病的时候,在叶面喷施硫酸铁,就可以很快恢复正常。由此表明,铁元素能够直接由叶片组织进入细胞,参与植物的生理活动。营养元素是以溶液状态通过叶面的气孔和角质层进入叶片内部。这种喷肥追施方法养分运输距离短,喷后迅速吸收见效快。比如,当果树根部养分供给不足时或生长后期吸收能力衰退时,采用根外叶面追肥方法,有着显著的增产效果。叶面上喷肥还可与防治病虫害喷药相结合,能够节省时间和劳力。

常用于根外叶面喷施的肥料种类有(表6-1):

(1)尿素[$CO(NH_2)_2$]:使用浓度0.2%~0.3%,对缺氮果树见效快,3~5天可看到叶片转绿。缩二脲含量高的尿素叶面喷施,容易引起叶片中毒(如使用这种尿素时应在溶液中加入少量石灰水,可以减轻毒害)。

(2)磷酸二氢钾(KH_2PO_4):使用浓度为0.3%~0.5%,能促进新梢老熟。如花芽分化期喷用磷酸二氢钾,能提高花朵质量,增加坐果率。

(3)硫酸镁($MgSO_4$):喷洒浓度0.3%~0.5%。

(4)硫酸锌($ZnSO_3$):喷洒浓度0.1%~0.6%。

(5)硼酸(H_3BO_3):喷洒浓度0.05%~0.1%。

表6-1 枇杷常用根外追肥种类及使用浓度

肥料名称	使用浓度	使用时期	肥料名称	使用浓度	使用时期
尿素	0.3%	全生长期	硝酸钾	0.2%~0.3%	果实中后期
人尿	10%~15%	全生长期	硝酸钙	0.2%~0.3%	果实成熟期
硫酸铵	0.1%~0.3%	全生长期	氯化钙	0.3%~0.4%	果实成熟期
磷酸二氢钾	0.2%~0.3%	果实发育期	硼砂	0.2%~0.3%	开花前或盛花期
过磷酸钙	1%~3%	果实发育期	硼酸	0.2%	开花前或盛花期
磷酸铵	0.5%	果实发育期	硫酸锌	0.3%~0.4%	发育期
草木灰浸出液	2%~3%	果实中后期	硫酸亚铁	0.3%~0.5%	生育前期或发生黄叶病时
硫酸钾	0.3%	果实中后期	光合微肥	800~1000倍液	幼果期
氯化钾	0.3%~0.5%	果实中后期	硝酸稀土	500~800mg/L	新梢生长期

注：摘自胡正月著《大果无核枇杷生产技术》，金盾出版社(2005)

在丘陵红壤地的枇杷果园，土壤缺镁、锌和硼，可以用硫酸镁、硫酸锌和硼酸(砂)加以调节补充。根外追肥的效果受多种因素的影响。如温度高时喷施在叶面的肥液干得较快，影响养分的渗入。空气湿度大时养分吸收快，幼叶比老叶的生理机能旺盛，角质层薄有利于养分渗透吸收。因此，喷施肥液的时间最好选在早、晚叶片气孔开放时,喷施液肥效果最佳。枇杷果树使用根外追肥时还应根据具体情况进行,比如植株生长旺盛的比生长衰弱的喷施浓度低一点,春季雨后比夏季干燥天气喷洒的浓度即可稍高点。又如几种微肥混合喷施比单一喷施的浓度则稍低。但是在此必须提醒的是,根外喷肥只能作为一种辅助性的方法,它绝对不能代替施肥。

5. 影响枇杷施肥环境

枇杷生产在管理上要做到及时、合理施肥,除了解果树的需肥特性外,还应掌握施肥的环境条件,特别是气候在施肥过程中的影响。我国广大劳动人民总结了果树施肥"三看"的经验,即看天、看地、看树势。这说明施肥不仅要按土壤特性和果树长势状况,而且还要根据气候条件。

(1)天气:雨天对果树施肥有两方面的作用:一是有水能加速肥料溶解,特别是有机肥料的分解,促进果树对营养的吸收;二是水多既能稀释土壤中溶液浓度,也容易引起土壤养分的流失,由此雨天不宜施肥。晴天施肥要考虑土壤的干燥情况与肥料浓度的关系,勿使土壤溶液浓度过高。在长期干旱时,果树体内代谢作用中分解大于合成,使果树生长缓慢。如果严重缺水细胞壁与原生质黏结在一起,果树的生长几乎停滞。但此时下大雨由于细胞壁吸水快而拉破原生质,引起果树生长受损。温度对果树营养吸收也有两方面的作用:①温度稍高能加快土壤中有机态养料分解;②适宜的温度能促进果树的代谢,增强呼吸作用,有利于养分吸收。但温度过高或过低都不利于枇杷的生长发育,从施肥的角度是为了提高地温,在寒冷的地区或寒冷的季节,应增施腐熟有机农家肥料(热性肥料)和磷、钾肥。腐熟的有机肥料中含较多的腐殖质,它的分子结构中含有载色体,颜色较深,吸收光能较多,可提高土温。在温度低的季节和地区,除多施有机肥料外,还要适当提高磷、钾的用量。磷、钾肥可以增强果树对外界不良环境的抵御能力。因此,温度不但能影响养料的分解,而且会影响果树对养分的吸收。试验证明,当温度从30℃下降到16℃时,枇杷果树吸收各种养料的量会减少,温度下降后影响树体吸收养料最显著的是磷和氮,钾次之,吸收钙、镁的影响较小。在我国长江流域的枇杷产区,果农历来有用大土灰混合有机肥作冬肥施有的习惯,其主要目的是防寒保温,对冬季枇杷开花结果好。

(2)土壤:当每次施肥到果树根部土壤后,除一部分营养元素被果树吸收利用外,其中比例相当大的一部分被土壤吸收而保存起来,另一部分随雨水流失或分解成气体散飞发到空气中。这些情况的出现,表明果树施肥除受气候影响外,更重要的是取决于土壤特性,即土壤的保肥、供肥和土壤反应。按土壤的供肥性(亦土壤供给果树养分的性能)可将土壤中养料分为两类:一是有效养料(以水溶性养料及代换性养料为主);二是潜在养料(有机质和不溶性矿物质)。在自然条件下由于土壤微生物和土壤理化性质的影响,土壤中两大类养料存在的状态经常变化着。土壤供肥情况,主要与土层薄厚、耕层深浅、表土底板坚硬、土壤质地好坏、土壤胶体含量、团粒结构状况、土壤盐基饱和度以及微生物种类与数量等有着密切的关系(当然也有天气影响着土壤供肥)。土壤反应情况是土壤的酸碱度,不仅直接影响果树生长和正常代谢,而且影响土壤中有效养料的含量。在施用肥料时,一方面要注意土壤的活性酸度,另一方面要了解土壤的潜在酸度。在酸性或碱性过强的土壤中,不但能使土壤的物理性质变坏,而且会影响土壤微生物的正常生命活动,减少有机物的分解和氨化、硝化、固氮等微生物的有利作用。在强酸性土壤中铝、铁、锰等成分的溶解度增加,土壤溶液中过多铝、铁、锰离子对果树生长不利(铝离子会使果树中毒)。而且铁、铝离子还会固定土壤中的磷酸,形成果树难以利用的磷酸铁和磷酸铝。在含石灰多的碱性土壤中,磷酸亦会被固定成磷酸三钙、硼、锰、锌等微量元素会出现不足。总之,为果树及微生物活动创造适宜的土壤条件,这应作为枇杷施肥的重要依据。

(3)树势:枇杷果树施肥应根据树的长势,对不同长势的果树施肥量不一样,长势旺的树少施,长势弱的树则多施。我国枇杷产区和日本枇杷产区,是根据枇杷树龄确定施肥量。对正在逐年长大的枇杷树和结果量不断增多的树施肥情况进行了研究,将对不同树龄枇杷的施肥量提出了一定的指标。湖北省华中农业大学对不同树龄枇杷每667平方米施肥量(千克)的研究结果如下:一年生树N2.5、P1.3、K1.55;五年生树N6.4、P3.6、K4;十年生树N11.5、P7.1、K8.4;十五年生树N15、P10.6、K11.6;二十年生树N20、P15、K16。台湾省对枇杷幼龄树施肥量进行了观察,所得出的合理施肥结论为:1年生树每年每株施入氮素400克、磷酐200克、氧化钾300克;二年生树每年每株施入氮素500克、磷酐250克、氧化钾375克;3年生树每年每株施入氮素600克、磷酐300克、氧化钾450克。

三、水的管理

和其他果树相比枇杷是一个需水量较少的果树品种。我国南方雨量充沛,但分布不均,春夏多雨,秋冬干旱。因此,科学管水是枇杷丰产,果实优质的基础,在管好枇杷果园水的同时,要了解枇杷果园土壤中的水分是来自大自然降水还是人工灌溉水。地下水位较高的果园水分也可上升补给土壤水分,空气中的蒸汽遇冷也可凝成土壤的水。果树根系吸收的水分直接来源于土壤。由此,土壤的水分状况与果树生长发育有密切的关系。当土壤水分不足,果树蒸腾失水后,叶细胞吸水比根细胞吸水力强,常夺取根内细胞水分引起根的死亡,叶子也因失水而凋萎。天气干旱土壤缺水使土壤中盐溶液浓度过高,易引起果树根系发生外渗现象。所以必须采取有效的排灌措施,确保果树生长期间土壤能有适宜的含水量。

1. 适时灌溉

枇杷果园土壤含水量低于60%时,就需要进行人工灌水。枇杷需水临界期是在果实迅速膨大和新梢生长期。此期间供水不足,不仅抑制新梢生长,而且影响果实发育。缺少灌溉条件的丘陵山地枇杷园,要推广果园套种绿肥(作物)或覆盖措施,提高土壤渗水性,稳定土壤温度、湿度。如出现长期干旱,果园绿肥(作物)区的土壤含水低时,就应立即刈割施埋或树盘覆盖绿肥和作物秸秆,减少绿肥(作物)与果树争夺土壤水分的矛盾,提高土壤蓄水保墒能力,这是改善土壤水分状况的应急措施。

(1)灌水时期:枇杷果园灌水时期和灌水次数,主要根据果树各个生育期间当地雨量分布情况、土壤条件以及果树各个生育阶段对土壤水分的需要来确定。但年度间雨量差异很大,往往由于雨量分布不均而出现短期干旱。在干旱情况下,每次灌水可保持12天左右。在灌水技术上要掌握早上或傍晚灌水。中午前后阳光强烈,地温高,此时灌水对果树生长有影响。

(2)灌溉方式:一是沟灌,灌水时将水灌于沟内,为了达到灌水适量和节约用水,在坡度大、灌水沟较长的情况下,灌水时应当不等水流到灌水沟尾即停止进水,使水流正好均匀地渗下。在土壤疏松或地面坡度较小的地块可根据土质、地面坡降、水沟长短及水的流量灵活掌握。二是喷灌,喷灌的优点是节水省工不破坏土壤结构。据多年来统计果园喷灌资料知道,可以节约30%~50%的用水;地面不需平整,可以节省整地用工;对土壤的结构破坏少,能保持土壤疏松不板结,有利于果树根系生长发育。喷灌强度不超过土壤的渗透速度,喷灌到地面的水能全部渗透到土壤中去,喷灌的土壤湿润深度以40~50厘米为宜,每次每亩喷灌水量为20立方米。三是滴灌,滴灌比喷灌更能节省劳力和节约用水(比喷灌节水50%),这对缺乏水源的山区丘陵更有重要意义。由于滴灌能为果树根系不断输送适量的水分,维持根系附近经常湿润,土壤又能保持良好的通气状况。滴灌技术的关键是根据设计要求向滴灌设备生产厂和水泵生产厂订购全套设备,按照规划进行施工安装。同时制定合理的灌水制度及定额。每次每亩灌水量为10立方米左右。滴灌具有节约能源,降低成本,技术简单,管理方便,能够利用各种水源,适应性强等优点。随着农业机械化的发展和科学种果水平的提高,滴灌技术将会成为今后果园灌溉的主要方式。成都市龙泉驿区丘陵山区的大面积枇杷果园基本上是采用滴灌方式,年年枇杷高产质优。

2. 及时排水

枇杷是一个耐涝的果树品种。土壤含水量达到20%～40%时,果树生长良好,当果园土壤含水量达80%时就应及时排水。土壤含水量过多时,土壤的通气不良,氧气不足,有机质呈嫌气分解,土壤中的有效养分缺乏,产生大量的有毒物质,抑制呼吸,果树停止生长,引起根系中毒死亡。土壤过湿使土温不高,导致病虫危害,不利于果树正常生长发育。特别江南枇杷栽培区,4～6月正处于梅雨季节,降水量相对集中,枇杷果园极易渍水,发生涝害。此期务必加强在雨季来临之前的清园配套措施,完善排水设备。

根据不同地形的果园,应做到及时排除积水。

(1)堰沟排水:在丘陵山区梯田带果园,里堰挖好堰下沟,沟宽50厘米,沟深30厘米,挖好拦腰沟,以便排除积水,防治"半边涝",使果树平衡生长。

(2)高畦排水:对高畦种植的果园,在高畦四周都有畦沟,降雨时雨水通过畦沟很快排到环园沟,再排出园外,使园间不积水,以利果树正常生长。

(3)坡地排水:大片坡地种植果树可依地势坡向间隔20~30米,在果园中间挖一条比较深的沟为排水主沟,再隔20~30米挖排水支沟,使支沟与主沟相通,即可把果园内的积水顺利排出。

第七章 枇杷的优质高效管理

枇杷的优质高效管理,应根据南方栽培特点,对果树采取控旺长、保花果、促优质、创高效为核心的生产栽培模式及配套关键性新技术。

一、整形修剪

枇杷树体高大,枝叶繁多,层间较密,内膛荫蔽。必须通过整形修剪,达到果树枝干主次分明,调节营养,协调生长。将树体塑造成一定的树冠形象,改善通风透光条件,减少病虫害发生,培育强壮结果母枝。充分利用空间,控制结果枝外移,维持健壮树势。

1. 整形修剪的依据

(1)根据枇杷果树的特性,进行整形修剪,主要是矮化树体,形成自然开心形。

(2)枇杷果树顶芽抽生的枝梢壮而短,侧芽抽生的枝梢长而强,在修剪时选留良好的剪口芽,培养结果母枝。

(3)枇杷树容易造成果枝外移,内膛荫蔽。整形修剪时,应剪去多余的徒长枝,改善通风透光条件。

(4)枇杷树主干上的轮生枝,不能形成树冠骨架的,在整形修剪时,多疏枝少短截,以利短枝发育。

(5)枇杷树在系统发育过程中,形成了喜光强的特性,修剪时注意选留光照良好的枝梢和剪口芽,使果树层次分明,主次明显。

(6)枇杷树对修剪反应很敏感,幼旺树进行重剪时,会招致萌枝、旺枝,影响短枝和短果枝形成。树势中庸的结果树,若是修剪过轻,容易使树体衰老(弱),产量降低。

2. 丰产树体结构标准

培养枇杷丰产树体结构的标准是:主干低,树冠矮,角度开张,枝大层稀,果枝粗壮。这是确保实现果树早结、丰产、果实品质优、结果量逐年增加目的重要基础。

(1)主干低:枇杷果树主干的高度应控制在2.5米为宜,这样从根部到树冠的距离近,缩短养分和水分的输送,树冠扩展快速。

(2)树冠矮:枇杷果树的树形要求低冠矮化,便于实施修剪枝条,疏花疏果,套袋采收,喷洒农药,根外叶面喷肥等各项农事作业。现在国外大多采用对树体矮化,提高抗风能力,方便农事操作。

(3)角度开张:枇杷树姿开张主要指主枝角度以50°角为佳,通风透光好,有利于果园密植栽培。这是生产高糖性果实首选树形。

(4)枝大层稀:枇杷丰产果树应培养2~3层主枝群的树形,每层3~4个大主枝,各层之间的大枝不重叠,3~4年后标准树冠形成,内膛光照好,果实大,品质高。

(5)果枝粗壮:枇杷丰产树结果枝组的大小、间距和配置合理,才能使果枝粗壮,发挥最大结果优势。

3. 整形修剪的方法

枇杷果树的修剪方法主要有短剪、疏删、回缩、抹芽、摘心和拉枝等共六种。

(1)短剪:视其结果枝位置、空间和强盛程度,留5~30厘米短剪。顶夏梢结果枝留10～20厘米短剪,以防结果枝外修,基部光秃。侧夏梢结果枝向外的短剪要留长些,向两侧的短剪要留短些,以剪留10～20厘米为宜。这样在抽梢后的新梢排列才会主次分明,分布合理。短剪时对树冠外围枝,上部轻剪长留,下部和内部重剪短留;弱枝短留,强枝长留。在短口数量上对枇杷树冠外围和上部多留,内部和下部少留。

（2）疏删：枇杷疏删又称疏剪,经疏剪后树冠层性明显,具有抽生轮生枝特性,分层距离较密,树冠枝梢上多下少,外多内少。需将树冠内的密枝、弱枝、重叠枝、交叉枝、徒长枝、无空间发展的多余枝组或衰弱枝等全部疏除。对果枝疏弱留强,疏内留外,在每个基枝上做到3留2,5留3,朝外向两侧分布,通过疏删不仅能克服枇杷树发枝多与光照不足的矛盾,控制上强下弱,内膛空虚。对幼龄树主要疏删过密枝、下垂枝、丛生枝、病虫枝和枯枝、节省树体营养消耗,增强枝条发育和花芽分化能力,促进开花结果。

（3）回缩：是指对多年生而长势衰弱的结果枝组,进行不同程度的回缩。回缩不宜过重,防止抽发徒长枝扰乱树冠。通过回缩改善果树下部光照条件,促进基部抽发壮枝,增强弱枝长势,调整延长枝角度,改变延伸方向,控制树冠和枝组发展,这是更新复壮的一项重要技术措施。

（4）抹芽：幼龄树在整形阶段,为了使主枝、副主枝、枝组有目的地合理配置,于萌芽状态时把主干上多余嫩芽抹除,减少养分消耗,促进枝梢生长。成年果树通过抹芽,减少枝数,使结果枝组充实健壮,有利结果。

（5）摘心：当新梢生长到一定长度时,将先端幼嫩部分摘除亦称摘心。通过摘心可抑制枝梢延长生长,促进枝条发育充实,压低分枝部位,抽生健壮新芽。

（6）拉枝：对一些直立枝而角度小于45°角的主要枝条进行拉枝。用绳子的一端绑在枝条上,另一端牵引枝条吊在地面固定桩上。在吊枝、拉枝之前必须先扭枝,拉枝时不管拉向何方,都应把枝条拉低一点,拉偏一点,绳子放开后枝条的位置与角度,才能达到所需的要求。但要防止用力过猛折断枝条。

4. 自然开心形整形

(1)自然开心形整形过程:枇杷苗木定植后第一年,确定主干高度60~70厘米,春季萌芽抽梢时,从顶端选留3~4个健壮枝条、长势较强且分生均匀的新梢培养为主枝。冬剪时根据主枝生长状况,在各饱满芽处短截留芽,主枝直线延伸。第二年仍按上述方式处理,主枝开张50°~60°角,每主枝培养1~2个侧枝。第三年继续培养主枝和侧枝,尽量多量选留结果枝组结果(图7-1)。

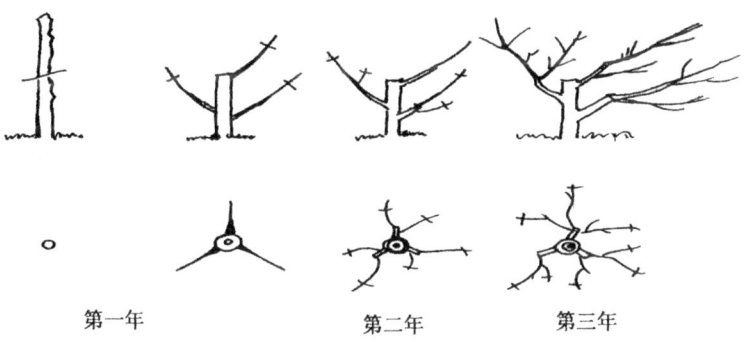

图 7-1 自然开心形整形过程

这种树形在结构上的特点,是3个主枝错落着生,与主干结合牢固,主枝直线延伸,树冠形成快,树枝分布均匀,树冠大而不密,枝多而不挤,全树光照好,有利于立体结果,盛果期产量高,经济寿命长。但初果期产量提高慢,可采用早期多留临时性大枝,以后改造枝组时除去,这样树形结构需要3~4年的培养过程。

第一年,定植后主干高度约60厘米的二年生树龄,春季顶芽让其继续向上生长。选留3~4个健壮枝条,向四周平衡斜生作为第一层主枝,如方向不理想可用绳子牵引,多余的萌芽及早除去。(图7-2)。

第二年,主干顶芽继续向上延伸,与上年一样在主干上选留3个枝条作第二层主枝,让其自然伸展。但不要和下面第一层主枝上下重叠,以免相互遮蔽阳光。并在第一层主枝上培养1~2个侧枝,其余的枝芽及早抹除。同级侧枝要求在同一方向选留,防止互相交叉。(图7-3)。

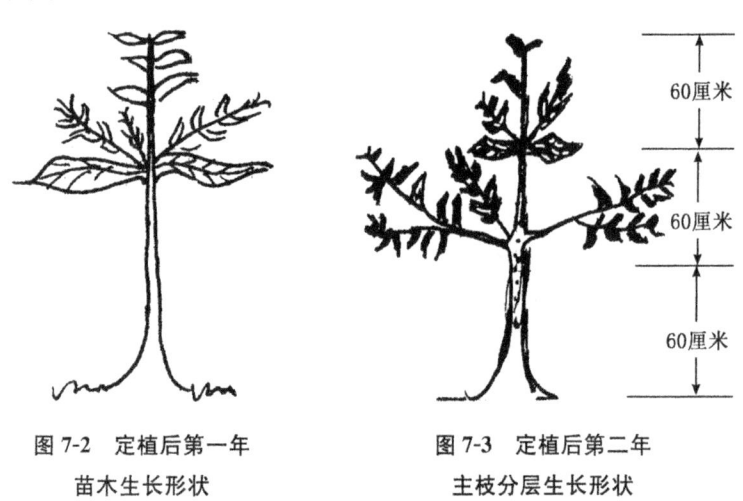

图7-2 定植后第一年苗木生长形状　　图7-3 定植后第二年主枝分层生长形状

第三年,同上年一样处理,在主干上选留3个健壮枝条做第三层主枝。同时要为第二层主枝选留侧枝。其余无用的枝芽早日抹除。预定侧芽的先端(在一年以上的春梢中)如有花蕾,应立即摘除以利继续伸展(图7-4)。

第四年以后,着重培养主枝和侧枝,直至树冠有3~4层主枝时,树形基本成形(图7-5)。

(2)自然开心形整形方法:整形方法有苗木定干、选留主枝、配置侧枝和营养结果枝及二次枝的利用等措施。

①苗木定干:枇杷苗木定植后确定主干高度,一般离地面60~

图 7-4　定植后第三年生长形状

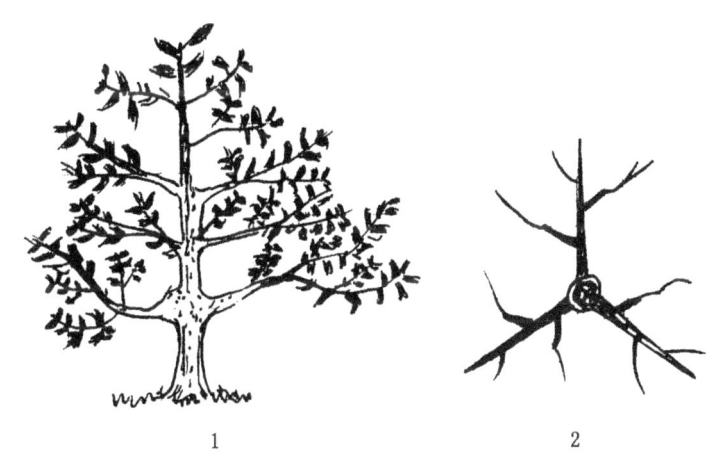

图 7-5　定植后第四年
1. 第四年树形　2. 每层侧枝分布鸟瞰图

70厘米，在主干区位以内将所有萌生的枝芽全部抹除。主干60～70厘米以上为整形带，是选留主枝的部位(图7-6)。

②选留主枝：定干后在主干顶端选留3～4个粗壮枝条培养成主枝，主枝间要有一定的距离。主枝结构牢固，养分输导畅通，是

造成树形的主要骨骼。它的形态应注意尽量求其直而不曲,如主枝弯曲,树液运行受阻,容易在弯曲处抽生徒长枝,导致各侧枝间生长不平衡,最后会使部分侧枝枯死,主枝局部光秃。

③配置侧枝:通常在主枝基部选留健壮春芽,培养成侧枝(图7-7)。

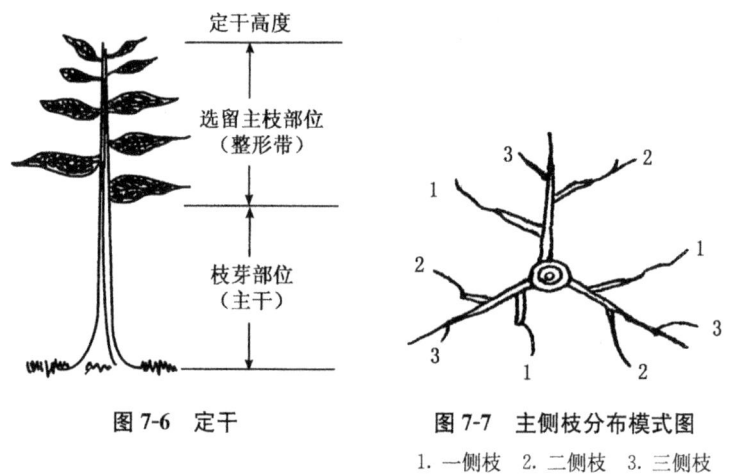

图7-6 定干　　　图7-7 主侧枝分布模式图
1. 一侧枝　2. 二侧枝　3. 三侧枝

④二次枝的利用:幼树可利用二次枝加速形成树冠,提早结果。主枝延长枝伸长时,及时摘心加速二次枝生长。一年内要培养利用二次枝开张主枝改变方位,调整树冠结构。

⑤培养结果枝:结果枝直接着生在主枝和侧枝上,对生长旺盛的长枝在夏季采用短截、拉枝、轻剪长放、缓和树势,促使形成短枝和花束状果枝。

5. 修剪的具体操作

主要是掌握枇杷果树的修剪时期和不同树龄期、不同枝条的修剪与夏季的修剪,拉大主枝开张度等的具体操作程序。

(1)枇杷树的修剪时期:枇杷果树的修剪时期与其他果树不一

样,因为春季是枇杷树的结果期,春梢抽发很少。由于树上果实累累,春梢抽齐后只能进行辅助修剪,夏季采完果实才是枇杷最重要的一次修剪(而且只宜早不宜迟)。对成年树来说,希望早抽生,早停梢,早形成花芽。

(2)不同树龄期的修剪:枇杷因不同树龄时期的生长特性不同,对环境条件和农业技术的要求也不同。因此,修剪必须根据枇杷树的不同树龄发育阶段,应用不同的修剪方法。

①幼龄树的修剪:未结果幼龄树修剪时注意平衡树势,主枝之间出现强弱不均,应抑强扶弱,促发健壮枝梢,在每次树梢停止生长后,下次树梢抽生之前进行修剪。如主、侧枝从属关系不明,树形紊乱,应尽量压缩强旺侧枝,扶持主枝。为了促进幼树从营养生长转向生殖生长,必须注意夏季短截,缓和树势,加速短果枝形成。枇杷幼龄树的修剪时间,春季是2月中旬至3月上旬(春梢抽发前);夏季在5月上旬至6月下旬;秋季在9月下旬至9月中旬。

②成年树的修剪:于春季3月上旬至4月上旬冻害基本结束后进行,又叫幼果膨大期修剪;夏季5月下旬至6月下旬,采果后10～15天(晚熟品种边采果边修剪)进行;秋季9月下旬至10月下旬(初见花蕾时)进行。枇杷树在冬季正是大量开花结果时节,不便修剪而多在收获后的夏季修剪,并要逐渐加强,夏季修剪是必须集中力量进行的一次最重要修剪,宜早不宜迟。夏梢如果不能适时停止生长,则不利于6～8月份枇杷花芽分化,影响下年高产丰收。成年果树修剪重点,应剪除枯枝、病虫枝、密集枝、交叉枝、徒长枝、基部的无叶长枝等。通过修剪恢复树势,促发大量夏季新梢(夏梢90%为当年进行花芽分化)形成花芽,当年开花结果。秋季修剪的重点,疏去过多的花穗和花朵,剪除枯枝,病虫枝,下垂枝。根据花穗枝的多少和树体营养状况,合理地调整花果比例,减少营养消耗,使留下的结果枝、花穗发育良好,提高坐果率。

③衰老树的修剪:枇杷衰老树由于缺肥致使新梢抽发少,梢短

而细弱。不加强整枝修剪，树体老枝重叠，中下部叶落光秃，结果部位外移，结果量下降，果实细小。长期管理粗放，树干上密生厚厚的一层地衣苔藓，俗称"树癣"，整树生长极度衰弱。其实枇杷树只要加强管理，技术措施到位，一般不易衰老。对一些衰老或衰弱的枇杷树，通过经常进行更新修剪，能够重新形成新的器官和新的树冠，复壮树势，提高结果能力，延长结果期，达到高产优质。

衰老枇杷树的更新修剪，根据树体衰老程度，采取不同的修剪方法，及时将主枝、侧枝等骨干枝和衰老枝序回缩，刺激潜伏芽萌发新枝，从中选留位置和角度均适宜的枝梢，培养新的枝序，重新构成树形。枇杷果树更新修剪的时间，以3～4月为好，此期间气温逐渐回升，雨水较多，树液流动较快，生理功能强，修剪后容易抽生壮实的春夏枝梢。但要注意不能在夏日光照强，温度高时进行更新修剪，避免树皮爆裂。

(3)不同枝条的修剪：枇杷果树枝条的更新能力较弱，修剪时不宜一次性剪除过多，严禁重力修剪。更新修剪后应加强施肥管理。对不同枝条修剪的方法如下：

①主、侧枝修剪：枇杷主枝、侧枝、延长枝的修剪，因树龄及所在部位不同而修剪的方法有别，为了保证枇杷树主枝、侧枝健壮生长，对这两种枝上发生较强的枝梢时要及时进行短截或从基部疏除。第一层主、侧枝比第二层的主、侧枝健壮和长大，长势由下而上地依次递减，形成宝塔形，光照充足，立体结果。树冠内膛的主、侧枝量不宜配备过多，要根据品种及肥水管理条件而定。如果树冠出现偏向生长时，剪口芽应留在空隙较大的一方，或树体出现强弱不均，主从不明时，对强主枝适当重截，或选方位合适的侧枝、背面枝取代。如树体趋于强化时，延长枝即加重短截，或缩剪换头，促进壮枝，延长结果期。修剪时剪口的状态，应在剪口芽相反的侧面，作缓倾斜面，在斜面上端与芽尖齐平，下端与芽的基部相平，剪口伤面不致过大，容易愈合，而且剪口芽生长稳健(图7-8)。

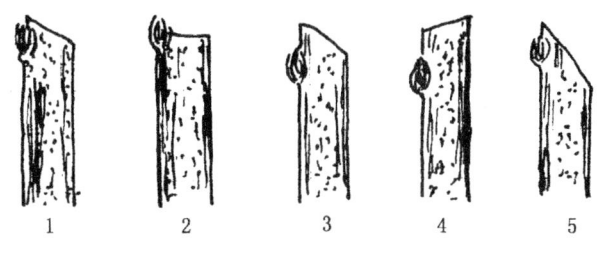

图 7-8 剪口的形状
1. 标准剪口 2. 剪口太平坦 3、4. 芽上剪太高 5. 剪口太斜

②徒长枝的修剪：枇杷幼龄树和更新重剪树，很容易发生徒长枝。这些不能利用的徒长枝应尽早从基部疏删，以免扰乱树形，掠夺树体养分。对于有利用价值的徒长枝，生长所处的空间位置好，可通过短截，促长分枝培养成结果枝组，或拉平缓和生长势，促进花芽分化，形成结果母枝，当年开花结果。

③结果枝的修剪：结果枝修剪的原则，是使结果枝不远离骨干枝。生长过长时基部无叶的枝梢，在采果后留 10 厘米左右长，修剪时进行回缩或短截，重新抽生健壮结果母枝，防止结果部位外移。采果后对残存的果柄和结果枝顶端，都要进行适当修剪，使剪口下重发的新梢培养为当年结果母枝。对多年连续结果后的果痕枝，也应进行回缩更新抽发新的结果母枝，但要防止果痕枝变成竹节状的畸形马鞭枝影响结果。通常整棵树上结果枝与生长枝的比例为 3∶2。初结果或刚进入盛果期的果树，树冠外围生长枝与结果枝的比是 2∶1，而树冠内膛为 1∶2 或者 1∶(3～4)。

④幼梢嫩芽疏除：对枇杷果树每次抽出的幼梢 3 厘米左右时开始疏除。选留方位良好、生长粗壮的幼梢后，多余幼梢早日抹除。结果枝花穗基部长出的幼梢摘除，以免与花果争夺养分。枇杷树发芽时，在选留位置合适，芽体饱满健壮的芽后，抹去多余的芽。疏幼梢、嫩芽比剪枝更重要，可以节省养分消耗和避免人工修

剪时费工费力。

⑤基枝的修剪:枇杷果树的部分基枝,多年连续形成短果枝结果,呈现衰老,须通过回缩更新复壮,对过密的基枝应删除,保枝树冠的良好通风透光状态。

(4)夏季的修剪:枇杷树发枝多,生长旺,这些抽发的枝梢部位偏高,远离骨干枝,不能合理利用,在夏季进行修剪时必须删除掉,既减少树体营养消耗,又降低了发枝部位,充分利用新梢的生长量,促进树冠形成,控制无效枝梢,改善光照条件,使有用新梢生长健壮。夏季修剪,对幼树树冠早成形早结果有显著效果,成年树的鲜果产量提高,老弱树的更新复壮,都具有重要作用。在修剪时通常是新梢生长至40~50厘米长的半木质化部分,促进充实和增加分枝。夏季新梢短截后,上端可抽生2~3条强壮的长梢,下部会抽出中短新梢,这些增加的新梢如果肥水管理得当,在当年就能形成花芽,翌年开花结果。幼树、初果树每年应进行2~3次新梢短截,进行短截的时间是在6月下旬或7月底各修剪一次,夏季短截后及时补肥,促进新梢充实和再抽新梢。

(5)拉大主枝开张度:枇杷树主枝拉大开张度,可以采用"二次嫁接固定法"这项简便、快捷、有效的技术,能克服我国目前枇杷产区幼树整形,主要采用自然开心形。但在整形操作上,常常遇到主枝开张度小而拉不开的问题,不利于培养强壮的骨干结构,难以为丰产优质奠定良好的基础。有的地方采用拉枝、撑枝、里芽外蹬等方法(图7-9),能在一定程度上拉大主枝开张度,但是有不足之处。

通过二次嫁接技术把枇杷主枝开张度拉大,其嫁接时期与温带果树嫁接一样,即定植当年秋季或翌年春季,与直立性主枝基部外侧距离主干10厘米处(图7-10),用小锯片与主枝成垂直角度横锯,深至主枝粗度的一半,如主枝粗1.5厘米以上,横锯深度也不得超过粗度的2/3(以免断枝,也可适当提高横锯位置调整),然后

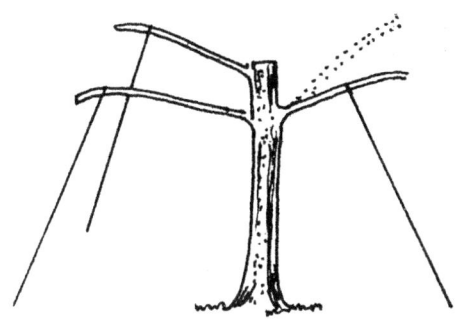

图 7-9 拉大主枝开张度

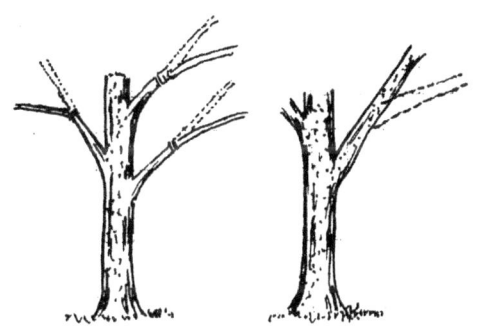

图 7-10 枇杷主枝二次嫁接固定法

用嫁接刀在锯口上方 0.6～0.8 厘米处斜切一刀，成三角楔形的空隙，待修平切面后轻轻地压下枝条上端，让两个切面紧密结合，使主枝的开张度为 60°～70°角（如开张度仍小，可再次用嫁接刀放大斜面进行纠正），最后用塑料薄膜绑扎固定。待接合部愈合良好，主枝生长正常后即可解绑。多留辅养枝，增大绿叶层和根群，边整形、边培养结果母枝，尽力将早期结果部位靠近主、侧枝。

（6）辅养枝的利用：充分利用枇杷幼树层间辅养枝，能迅速扩大树冠，获得相应的前期产量，这是枇杷新的经济栽培技术。对树体骨架小，树梢叶片少的幼树，必须相应地多留一些枝条绿叶，获得互相荫蔽和充分的营养生长,实现早果高产。但随着树龄增大,枝条逐渐增多,对层间的密生枝、荫蔽枝和树冠内过密枝,应通过整形剪除,以便拉开层距,使树冠内部透光良好。

(7)剪后伤口的保护:枇杷枝条修剪以后,伤口的愈合能力与其他果树相比,剪口细胞产生愈伤组织能力差。因此,对枇杷剪后的枝条伤口要进行保护,在直径1.5厘米以上的大伤口很难愈合,极易影响树势,甚至整个受伤骨干枝因此死亡。枇杷果树整形修剪后伤口保护,首先要把伤口削得平整光滑;再用0.1%升贡水消毒;最后涂上保护剂。枇杷伤口保护剂的配制:生石灰8份、动物油(猪油或牛油)1份、食盐1份、清水40份。用这种自配的保护剂涂于伤口,即可促进愈合。

二、高接换种

枇杷树采用高位嫁接技术改造老品种,是通过在成年果树老品种的主枝或侧枝上,嫁接优良新品种的接穗,使原种植的老品种枇杷果树得到更新。高位嫁接后两年,接穗就能结果,三年恢复树势和产量。枇杷树高位嫁接换种,首先是选择优良品种做接穗,其次掌握高位嫁接的时间、方法、部位和嫁接后的管理。

1. 选择高接优良新品种

高位嫁接所要选择的品种,必须经过试验证明比原品种的丰产性好,果实品质优,抗逆性强,能耐贮运,并具有一定的市场竞争和较好的商品价值等优良特性。而被换品种为在生产上长期不结果的实生苗,经高位嫁接技术接上了优良新品种,使砧桩原品种改良成与接穗一样具有优良特性。

2. 掌握高接时间与方法

枇杷高位嫁接的适宜期，在每年的 3～4 月份，到夏季的 5 月份只能进行少量的补接，嫁接时温度不能偏高，超过 25℃进行高位嫁接成活率较低。高位嫁接的方法有切接、芽接和腹接。嫁接时具体操作除砧木部位不同外，均与苗圃嫁接基本相同。如果被接树砧桩粗大即应采用劈接方法，在砧桩切面上开 2～3 个切口，同一切口内接两个接穗；枝的顶部用切接法，春季切接时应保留 1/4～1/3 的少量辅养枝，可制造一定的养分供给接穗及树体生长，夏季 5～6 月份被接时，由于树体生长旺盛，体内水分多，容易剥皮，即以腹接为主，芽接为辅。

3. 高接的部位与嫁接量

高位嫁接之前，选择分布均匀的主枝和副主枝，幼龄树 8～10 个，成年树 10～12 个，准备进行高位嫁接，如果在春季即可采用切接或劈接方法，将选留好作高位嫁接的主枝和副主枝，重回缩到分杈点上方 20～30 厘米处进行高位嫁接，要是采用芽接和腹接则不用回缩，选择分而均匀，直径为 3 厘米以下的侧枝中下部进行高位嫁接。在操作时注意两点，一是嫁接部位不要接得太高，不管采用何种高接方法，要尽量做到降低嫁接部位，嫁接后不仅树冠紧凑，管理方便，而且养分输送距离近，有利于结果；二是根据枝条不同的生长状态，将接穗嫁接在不同部位，如是直立枝亦接在外侧，斜生枝就接在两侧，水平枝接在上方。高位嫁接数量多少按照被嫁接树体的大小而定，分层进行嫁接，做到分布均匀。成年树分上、中、下三层进行嫁接。下层接在主枝或副主枝分叉上方 20～30 厘米范围内；中层接在侧枝上；上层接在径粗 3～4 厘米的细枝上，每株需接芽穗大约 30～40 个，幼龄树高接位置是在主枝、副主枝上，需接芽穗 10～20 个。

4. 高位嫁接以后的管理

枇杷树高接后的管理,主要是做好嫁接伤口消毒处理,及时解绑,抹除萌蘗,适当留枝,管好新梢,保护好新发枝条等事项。

(1)嫁接伤口消毒:把高位嫁接造成的伤口剪削光滑,用75%酒精液消毒处理后,涂上"843康复剂"或"树脂净"防腐,用黑色薄膜包扎,避免雨水和病菌侵入,然后石灰水刷白主干和主枝,以防日灼。

(2)检查接芽成活:高位嫁接后10天左右检查接芽成活情况,凡发现接穗失去绿色的应立即进行补接。

(3)及时解除绑扎:春季切接、夏季腹接的接芽抽出新芽梢并木质化后,即可解除绑扎的薄膜。秋季嫁接的接芽,在翌年春季萌发时剪砧,挑破包扎薄膜,让接芽抽发,待接芽抽并梢木质化后解除绑扎物。

(4)抹除砧桩萌芽:高位嫁接后砧桩上常会抽生大量萌蘗,需每隔5~7天抹除萌发嫩蘗一次,减少树体养分消耗。

(5)适当留辅养枝:嫁接时适当保留一些辅养枝制造的营养供地下部的根系,防止地上部枝叶生长营养失调,待高接的接穗有了一定量的枝叶制造养分后(需在1~2年内),再将辅养枝全部剪除。

(6)管理好新发梢:高接后的接芽抽梢20~25厘米长时,开始摘心整形,促进新梢老熟,早发侧枝,增加分枝级数,使树冠早形成,早结果。以后抽出的第二、第三次梢,留20~25厘米长摘心,培养矮脚枝序和紧凑树冠。

(7)保护新发枝梢:枇杷果树根系在土壤中分布较浅,对接穗抽发的枝梢叶量多,需设立支柱保护,以防大风或人为折断。

三、促花芽分化

枇杷幼龄树营养生长的树相指标：全树分枝 30～40 个，叶片 300～400 枚。此期间在栽培上开始采取促花措施，实现幼树开花早和结果早。枇杷营养生长过旺树，缺乏花芽形成所需物质，因而花芽形成困难。树体开张角度小，枝条直立生长，营养物被消耗在枝梢生长上面的枇杷树，也没有花芽分化。因此，对旺长不结果的枇杷树，必须采取抑制营养生长或将营养生长转向生殖生长，促进花量增加，提高花质，实现多结果和高产量。枇杷花芽分化是果树从叶芽向花芽转化的质变过程，要实现这一转化过程，就必须使树体内部营养积累充足（这取决于芽生长点细胞液的浓度）和外界的温、光、水等条件以及适宜时机。为了满足花芽分化的诸多条件，必须通过农业技术措施来创造这些适宜的环境条件。

1. 培养健壮结果母枝

枇杷幼树结果母枝全部是夏梢，其中顶夏梢（夏梢中心枝）结果母枝所占比例小于 40%，侧夏梢（夏梢侧枝）结果母枝所占比例大于 60%，只要条件适宜亦可将 80% 以上的侧夏梢改造成为结果母枝。因此，培养优良的顶夏梢和侧夏梢，是枇杷幼树早结果的重要措施。

2. 控制肥水抑制旺长

枇杷幼树通过采取各项管理措施，促进前期营养生长良好，树势达到了成花的树相指标，这时可以由营养生长及时转向生殖生长。树体在花芽分化的 6～8 月份期间，夏季树势生长旺盛，枝条顶芽无法停长，始终保持营养生长状态，不能完成由叶芽向花芽转变，此时应在施肥上进行控制，减少施用速效氮肥，增施磷钾肥。

缺乏磷、钾肥的果树要补充必要的微量元素；6~7月份要使果园土壤保持适度干旱，或采取晒根、断根、倒贴皮、拿枝软化等措施短期限止水分、养分供给，迫使枝梢和果枝生长充实，或在夏梢抽生5厘米左右时，喷用1 000毫克/升多效唑，待夏梢展叶转绿后再喷1次500毫克/升多效唑，可以抑制枝梢伸长，缩短枝梢节间，促进花芽分化。

3. 果树营养积累措施

根据果树的具体情况，确定采用积累养分的综合措施。如环割、环剥、环扎、扭枝等方法，通过短期切断韧皮部筛管输导组织，使碳水化合物向地下根部转移受阻，抑制根的生长活动，影响水分吸收，控制水分供应，让地上部的枝叶能积累较多养分，有利于花芽形成。环割、环剥操作程序如下：

(1)时间：枇杷花芽分化期是在6~8月份，此期间对枇杷树进行环割(剥)有明显的促花效果。但要根据栽培品种、当地的气候条件、栽培管理水平确定操作的最佳时期。

(2)对象：主要是对长势特别旺盛的枇杷果树，长期不开花的成年树，树龄4~5年，单株末级枝数量达100条以上的实生树，或可以进入结果的适龄树而没有花和营养生长特别旺盛的壮年枇杷树。

(3)部位：根据不同树龄选择不同部位，对枇杷树进行环割(剥)。如初结果树选在主干与主枝交接口下方，比较光滑平整的主干上。成年壮旺树即选在主枝平整光滑部位。随着树龄增加，环割(剥)部位可以上移。如果树因环割(剥)而使根系缺乏有机营养，出现大量落叶情况时，对于成年树可留1~2枝低位小主枝或侧枝不割，让其输送光合产物以养根保根。

(4)技术要点：一是3~4年生旺树，主干环割(剥)要求干围粗度为15厘米左右(对生长细弱的、肥水条件很差的树，不宜做主干环割(剥)最好对主枝做环割),全树留 1/3 的主枝不做,仅做 2/3 的主枝;二是环剥口宽度以树干(枝干)直径的 1/10 为宜,剥口过宽当年不能完全愈合,则容易死树;三是进行环剥时,分别为全环剥皮、半环剥皮或两个半环上下错开剥皮和螺旋式剥皮。但应根据树势强弱、品种成花难易选用方式,每环留下 2~4 厘米皮层不环剥;四是注意在剥皮时的剥口不能用手摸抹,如抹去伤口木质部上的形成层细胞,不易生新皮,影响剥口愈合;五是环剥后用纸或塑料薄膜包扎遮盖伤口,防止强光直射和病虫侵入;六是环割要求割透树皮,但防止用力过猛损伤木质部;七是环割两次的树干或大枝,必须分两次进行,割第一圈后隔 10 天再割第二圈,不能两圈一次同时进行,会造成死树;八是解绑时间,包扎后一个月解除,如解绑不及时伤口处易长出愈合组织。

环扎、拉枝、扭枝等积累养分和促花措施,其原理、对象、部位均与环割(剥)一样,但操作时间和方法不同。枇杷树的环扎时间在 6~7 月份进行为宜(必须比环割的时间提前)。因为环扎是人工在枇杷果树的枝、干上绑扎铁丝,由于紧度不够而需要随着树体生长增粗,铁丝才能紧箍果树的枝、干,才能切断韧皮部的通道,抑制有机营养向环扎部位以下运输,起到积累营养从而达到促花作用。环扎后 2 个月左右才能解除铁丝,如果解扎过早会影响环扎的促花效果,过迟根系会受到过分抑制,削弱树势,影响翌年新梢抽发和花量及鲜果产量。拉枝、扭枝进行的时间一般是在 6~7 月份,此期正值花芽分化。拉枝主要是对主枝用绳子向下拉开,扩张与主干成 45°~55°角。扭枝是将辅养枝上的小枝全部处理,把旺盛枝向下扭或在小枝全部旋转扭伤木质部和皮层,改变枝条生长方向。拉枝、扭枝措施都能阻碍养分运输,缓和果树生长,对促进花芽分化效果显著。扭枝对象主要是辅养枝,其他如主枝和中心主干切忌扭伤,扭枝时间一定要在 7 月份早夏梢停止生长时完成,错过扭枝时间再进行扭枝,就失去了促花的效果。

4. 叶面喷肥促花芽

枇杷树在6~8月份花芽分化期进行叶面喷肥,可以有效地促进枇杷的花芽分化,用600~800倍磷酸二氢钾液肥加600~800倍水溶性硼酸,每10天喷施1次树冠叶面、连喷3次能达到控制枝梢旺长,对促进枇杷花芽分化的效果显著。

5. 用植物调节剂控梢

喷用植物生长调节剂,可以抑制枇杷夏、秋枝梢生长和促进花芽分化。以夏梢为主要结果母枝的枇杷树,使用比久、乙烯利等植物生长调节剂控梢效果明显。如喷施500毫克/升乙烯利液加1 500毫克/升多效唑液,或1 500毫克/升比久液加500毫克/升乙烯利液,对抑制枇杷夏梢生长、控制秋梢萌发、促进花芽分化效果都很显著。叶面喷施1 000毫克/升15%的多效唑液,单喷2次。10月份再于土壤中施15%多效唑,按果园每平方米用量0.5克,对抑梢促花效果十分理想。

常用的植物调节制介绍如下:

(1) 乙烯利(APC)

又称一试灵,具有抑制枝梢萌芽生长,促进花芽分化和催熟果实的作用,是枇杷控梢、杀梢的主要药物,只要使用浓度适宜就能有效地抑制夏、秋梢萌发。

枇杷对乙烯利较敏感,使用时注意喷雾浓度和药量,用量少达不到控梢效果,用量大会引起叶黄或落叶。使用浓度与枇杷品种、气温高低、喷水量有关。乙烯利起作用的最适温度为20~30℃,当气温升高时,作用加剧,反应强烈,使用浓度应低些;气温低时,反应缓慢,浓度可高些。对梢短叶片使用时宜低浓度;梢长且已展大叶,宜用高浓度。喷乙烯利后可控梢3周,如控制不住,可再喷1次,两次用药需间隔2周以上。

(2)多效唑(PP333)

多效唑是一种强烈抑制生长剂,抑制能力较比久(B9)强,多效唑还是一个有效的杀真菌剂和杀细菌剂,能有效地防治病害。其作用机制是:抑制赤霉素的生物合成,对已合成的赤霉素也起拮抗作用。是一个低毒高效、不易产生药害的抑梢促花药物。能抑制根系和枝梢的生长,增加叶绿素含量,抑制顶芽生长,促进侧芽萌发,使植株和枝条缩短、变粗,叶片变浓绿,增加花蕾数,提高坐果率,改善果实品质,提高抗寒能力。

(3)比久(B_9)

比久是种植物生长抑制剂,具有良好内吸作用,能抑制新梢徒长,缩短节间长度,增加叶片厚度及叶绿素含量,提高叶片的光合性能,促进光合产物向果实中转移,增强抗旱、抗病、抗冻能力。可促进花芽分化,减少落果,增加坐果。枇杷可使用比久来控制夏、秋梢和促进花芽分化。比久在土壤中会被固定和分解产生毒物,故不宜施于土中,以根外叶面喷雾为好。比久单独使用控梢效果好,与乙烯利混合喷用效果佳。比久持效期可长达10年,故不能多次连续使用。

四、保花保果措施

枇杷是一个花穗大花量多的果树。枇杷的成花率和坐果率只要达到花穗总数的60%,鲜果亩产量就超万斤。但由于花果脱落比较严重,所以着果率不高,造成枇杷单位面积产量普遍较低。

1. 花果脱落原因

枇杷落花落果的原因主要有内因和外因。

内因是生理性落花落果,如枇杷萌芽成枝率高,树体养分大量消耗在枝、叶、芽的生长发育上,造成花芽分化不良,授粉受精不正常,引起大量花果脱落。又如品种方面有的产生劣变后代,出现花而不实,不能自花结实或开花不能授粉(有的果园没有配置授粉树的情况下,更会使授粉率不高)。外因主要受病虫危害,土壤干旱或积水,花期低温寒冻多,冬暖气候满足不了开花的要求,谢花后又遇到阴雨,寡照时间长以及栽培等的影响。枇杷在栽培上如新建果园质量不高(没有坚持大穴、大肥、大苗),建园后多年不进行扩穴施埋有机农家肥和绿肥;长期投资投劳不足,管理粗放,缺肥少水,病虫害防治不及时;没有进行合理整形修剪,通风透光不良,削弱树势,果树的营养生长和生殖生长不好等问题也是重要外因。又因枇杷与其他果树的生育期不同,在每年的10月下旬至11月开花,翌年1月上旬开花结束,长达3个多月的花期,经受冬季低温、霜雪和冰冻,谢花后常受春寒影响,造成严重落花落果、花穗腐烂。

2. 防治落花落果

枇杷前期生理落花落果的防治措施,主要做好促进花芽分化,提高花质花量,果苗定植时果园配置授粉树,果园内放养蜜蜂,招引昆虫传花授粉,减少花果脱落损失。后期落花落果防治的主要措施是:

(1)加强果园管理:主要是加强果园肥水管理和病虫防治,改善果树的营养状况,增强树体抗性,合理施肥,科学管水,促进花芽分化,提高花芽质量和坐果率。做好雨季的开沟排水,防止果园积水,雨后进行中耕松土(以利通气),促进根系生长,结合夏季整枝修剪,疏除过旺枝梢,改善内膛光照条件。冬季果园防寒,采取树盘覆盖,园内生烟驱霜,培土护树。

(2)使用药剂保果:枇杷花期在加强栽培管理的同时,应用植物营养液叶面喷施,对提高着果率,改进果实品质具有一定效果。保果时要因地、因时、因树制宜地加以选择各类植物营养液。果树开花期喷施赤霉素和萘2酸钾盐,使用的浓度分别为50~100毫克/升或100毫克/升或防落素液为50毫克/升。幼果期用10毫克/升的赤霉素液或40毫克/升2.4.5-T液等,能提高着果率和果实品质。在开花期和幼果期通过叶面追施保果肥,如喷0.3%尿素液加0.2%磷酸二氢钾液或0.2%硼酸(硼砂)液或0.2%硫酸锌液等,每隔20天喷1次,连喷2~3次。多效唑应在晚秋和早春采用土施,用量按树冠垂直投影面积,每平方米土壤施含量15%多效唑1克。再在树冠滴水线以内30厘米处,围绕树干挖6~8个穴(15~20厘米深),将多效唑兑水搅拌均匀施入穴内,如果土壤干燥应适量灌水,浸湿穴内根系后覆土。但多效唑叶面喷洒只能用于幼龄树和旺盛树,对抑制新梢生长,促进花芽分化,控梢保果,提高着果率效果较好。"九二〇"宜用于老、弱树盛花期喷洒,浓度为40~80毫克/升。枇杷幼龄结果树、旺长树禁用(特别不能在幼果期使用),否则会导致新梢徒长,加剧生理落果。2.4-D用于枇杷等核果类果树保果,效果不明显。防落素在花期可用15~20毫克/升的浓度喷洒,生理落果期则用25~40毫克/升的浓度。花期喷用0.2%硼砂酸(硼砂),能提高授粉受精率。实践应用证明,众多配制的营养型保果剂在初花期、谢花后喷用,可以明显地减少花果脱落,提高着果率,增加果实含糖量,如果能在第二次喷雾后间隔10~15天再喷洒1次,对提高着果率,增加鲜果产量,效果更为显著。

五、疏除废弃花果

枇杷疏花疏果是提高鲜果产量和果实品质的重要措施之一。

1. 疏花疏果的意义

枇杷成年树全树春、夏梢有80%~90%的枝条能形成花穗,每个花穗上有50～100朵花,多的达250～260朵,少的30～40朵,在生产上能形成产量所需花数仅占总花数的5%～10%,花量过多将会消耗大量养分,枇杷又由于单穗结果多,如果让其自然结果,会使果实变小,品质低劣,失去商品价值和市场竞争力。因此,按照科学的叶、果比,合理确定每棵枇杷树的留果量,只有通过疏花疏果措施,除去多余果,减少养分的无效消耗,才能使留下的果能有充足的养分,果实大小均匀,优质果率高。

根据我们对枇杷果园多年的观察发现,通过"疏果限产"措施,平均亩产鲜果为1 500公斤,比未用该项措施的果园平均每亩减产500多公斤,但果实品质得到很大提高,果实肉质更脆更甜,销售价格更高(每市斤约高1元钱)。疏果一般从坐果到收获进行2～3次,虽然产量下降了一些,但品质却明显提高了。经技术人员对高品质枇杷果实进行抽样检测,不仅单果匀称,颜色鲜艳,且糖度高,脆口,口感好,很受客商欢迎。每亩栽植111棵果树标准密度的枇杷园,在通风透光条件好的情况下,有效地促进了单株树势和坐果率。所以每一果穗只留3～4个果为好。保证单果营养供给充足,果实品质佳,果实身价倍增。

2. 疏花疏果步骤

枇杷花芽极易形成,花量较多,坐果率高,为了节省养分,疏花应尽早进行。迟疏不如早疏,疏花蕾不如疏花穗,疏花朵不疏花蕾,疏幼果不如疏花朵,正确运用疏花疏果技术,控制每穗坐果数量,使树体负担合理,保证果实发育良好。在枇杷生产上很早就有科学的疏花穗、疏花蕾、疏花朵、疏幼果的技术措施。

(1)疏花穗:一棵枇杷树上的花枝与营养枝应保持一定的比例。据福建省枇杷产区经验,花枝与营养枝的比例是1.5∶1为宜,这样的比例才有利于稳花稳果。在冬季无冻害的温暖地区,10～11月份能用肉眼分辨花穗时,花穗在轴上(小花梗)没有分离前,尽早进行疏穗。冬季冻害地区疏穗时间要适当后移。在冻害严重的北缘地区,则不宜疏花穗,待冻害过后进行疏除果穗。疏花穗要根据品种、气候、树势和树龄而定。分枝多的品种应多疏,反之则少疏;树势弱的多疏,树势强的少疏;树冠上部和外围的多疏,树体下部和内部的少疏;幼龄树、老树多疏,壮年结果树少疏;避开冻害或冻害过后,结合疏果穗,冻害多发地区疏花,通常在花穗抽出而未开花时,从花穗基部疏除。疏穗时宜疏去侧枝上着生的花穗,选留主枝顶生的花穗,这样开出的花大、花壮、花期早,结出的果实大、成熟早、品质好。枇杷的花期较长,全树开花期需要3个多月,一个花穗开花需半个月至2个月。疏花时注重留头花和二花,果实品质格外优。

(2)疏花蕾:枇杷每个花穗的花蕾一般都有50～100朵,多的可达200朵,让其自然结果,一穗可以结几十个果实。所以每一个花穗上的花蕾必须疏去一部分,才能使留下的花蕾得到更充分的营养,结出优质的大果。疏蕾后留下的花蕾能正常开花,延长花期,有利于避开冻害,在疏穗结束后不久,小花梗开始分离时进行疏蕾为最好,一般是在10月上中旬。各地应根据气候、品种不同,决定选择最佳疏蕾期。北缘地区冻害严重,不宜提倡疏花蕾,待冻害过后进行疏果。无冻害枇杷产区,疏蕾时应选留早开的花。有冻害的枇杷产区,则选留迟开的花,留花量比留果量多10%～20%,以便保证当年的鲜果产量。

疏花蕾方法:一是只疏花穗的中、上部,留基部的2～4个支轴;二是摘除顶部和基部支轴,留中部3～4个支轴;三是摘除上部支轴,基部留3～4个支轴,并摘去留下的支轴先端,留上面的小支轴1～3个,每穗留30～40朵花蕾。

疏花蕾选留程度视其品种、树龄、树势和管理水平而定。不同品种疏蕾强度不同,大果型品种每穗留2～3个支轴,中、小型果实的品种每穗留4～5个支轴,每穗保留4～6个果实成熟。

疏花:除人工疏除外,还可用药剂进行疏花。待幼果发育到了所需的数量时,喷洒10~20毫克/升浓度为宜的萘乙酸溶液,可以疏去没有结成幼果的花朵。萘乙酸只能疏花而没有疏果的功能。

(3)疏幼果:经过疏花穗、花蕾后,枇杷进入结果期。枇杷在开花期遇晴暖天气,满树皆花、结果累累,着果率很高,大大超过负载量,如若让其自然生长,不但果实大小不均匀,而且会影响果实质量,极易产生大小结果年现象,严重时会隔年结果,甚至间隔2~3年才能恢复树势与结果。因此,必须进行合理疏果调节生长与结果,使养分分配合理、平衡。疏蕾后每个花穗上还有30~40朵花,能坐稳的幼果有10~20个,这些幼果都被保留,果多则每个果不能得到充分的养分,导致生长发育差,果型小、果肉薄,果实的食用率和商品价值低。所以只有通过认真疏果,才能使养分充足,促果膨大,果皮着色好,成熟度一致。疏果时期待坐果基本稳定后,幼果长到花生米大时进行。温暖无冻害的地区,如广东、广西、海南、福建、台湾等省(区),在2月下旬至3月上旬疏果为好。北缘冻害的长江中下游,如江西、湖南、湖北、安徽、浙江、上海、江苏等省(市)枇杷产区疏果较迟,应在冻害结束的第7~10天,即3月中旬~4月上旬开始进行疏除幼果。

枇杷疏果时选留果实数量的多少,要根据果树品种、树势强弱,结果枝长短来确定。根据各地经验,每个果穗上,大果型品种留3~4个果,中果型品种留4~6个果,小果型品种留7~10个果,少于10片大叶的结果枝则留果4~6个果,疏除的幼果主要是病虫危害果、畸形果、冻害果和小果、过密果。疏果时原则上要做到强枝强穗多留果,树冠下部、内膛和壮旺枝多留果,反之则少留果。在国外,用化学药剂疏果已成为枇杷生产上的一项常规技术,极大提高了疏果劳动效率。在幼果期喷洒10毫克/升萘乙酸溶液,对疏花疏果效果好,还可具有促进枇杷的单性结实(即无核果)的功效。但生产上大面积应用化学药剂疏果时,要先在小面积进行试验,掌握正确的施用药剂、时间和适当的浓度,防止施用不当造成药害而减产。

六、果实套袋生产

枇杷果实套袋是指在幼果期,用特定的果袋将果实套在袋内,对果实进行周期性的保护措施。日本把套袋定为枇杷栽培必不可少的技术,我国枇杷产区也在推广套袋栽培。

1. 果实套袋的目的

枇杷果实套袋栽培是改变枇杷的传统生产方式,提高果实品质,获得更多的经济效益的重要措施。过去的枇杷生产是将果实裸露在外,日光照射、低温冻害、风吹雨淋,果实病害多(易患日灼病、裂果病、皱果病),枝叶常与果实产生摩擦,果面表皮出现伤痕锈斑。采取套袋栽培技术,减轻了自然灾害对果实造成的损失,能提高袋内温度,使果实糖度含量、营养物质增加,肉质紧密,外观着色鲜艳等等,从而商品价值更佳,同时避免鸟类、昆虫危害和农药污染果实。通过套袋生产措施,能够生产出高档次的无公害食品。

2. 果实套袋时间

枇杷果实套袋一般在2～3月份病虫害发生之前,幼果长到拇指大,果皮由绿变成淡绿时开始进行套袋。早熟品种在华南地区稍早些套袋,北缘地区可以晚些套袋或适当提早(套袋可以防冻害防落果)进行套袋。据福建省对解放钟枇杷品种试验,谢花后30天左右,是幼果发生锈病时期,用牛皮纸袋分别在1月25日、2月10日、2月28日、3月15日进行套袋,防治果锈病的比较效果分别为72.5%、68.3%、52.4%、19.8%。试验结果表明,套袋时间越早(即果实越小时),对锈病的防治和提高外观品质的效果越好。

套袋程序,要求在一棵果树上,先套树冠上部果实,后套树冠外部果实。套袋前,果园全面喷洒1次药剂防治病虫,用65%代森锌可湿性粉剂500~600倍液加5%抑太保乳油1 500倍液,喷洒全园幼果。

3. 果袋用的材料

枇杷果实套袋材料,通常对果面色泽和营养成分均有影响。当前枇杷果袋材料是采用新闻纸、牛皮纸、涂油单层道林纸等,颜色有白色、黄色、橙色。据日本等枇杷生产国家使用纸袋的颜色,按果实的不同肉色使用不同纸袋颜色,如红肉果实使用白色纸袋,使果肉颜色较红,果肉较硬,糖量较高,成熟期早,比套黄色纸袋要提早2~3天成熟。但果汁较少,果核稍小,成熟期遇到高温干旱天气容易出现生理障碍。若是套橙色纸袋的果实最大,却糖度较低,果面着色稍晚,比套白色纸袋的要推迟5~7天成熟。套用黄色纸袋的果实大小、成熟时间,均介于白色和橙色的果袋之间。目前,我国在枇杷生产上大多采用旧报纸做果袋,一张旧报纸裁成8块,可做成8个大果袋,或裁成12~14块,能做成12~14个小果袋。套用报纸果袋的果实会出现着色稍迟,没有日烧病,果面上没有斑点。果袋制作规格:大果品种的果袋为10厘米×14厘米;中果品种整穗套入的纸袋规格为17厘米×20厘米。果袋顶部两角剪开小口,便于观察和通气。

4. 套袋操作方法

从果树树冠顶部开始自上而下,先里后外地依次进行。防止漏套即按照单果的大小,做上记号,以便采收。袋口用细小的铁丝(或牢固细绳子)将袋口扎稳,使果袋鼓起,果实果穗位于果袋中间,不让果袋接触果实。或在套袋之前,先将果实基部3~4片叶束果穗,即可不会使果实直接接触果袋,然后把果袋充分张开,再包裹着果穗,最后用细铁丝封扎袋口。在日本对田中枇杷大果型品种,套袋时用小果袋,实行一果一袋,一天一人能套完1 000~1 500个左右果袋。茂木枇杷是中果型品种,使用大果袋实行一穗一袋,一人一天能套1 000~1 200个果袋。20年树龄的果树每667平方米约需5 000~6 000个果袋,30~50年树龄的果10 000~12 000个果袋。另外要配备20%以上的果袋数量,防台风暴雨等自然灾害之用。

七、无核枇杷生产

生产无核枇杷是人们的愿望,多年来国内外都在进行无核枇杷生产的研究,现在已取得了初步成功。人为无核果的生产,最早是在葡萄花蕾期或幼果期,用赤霉素等溶液浸渍处理,使葡萄种子退化而果实发育正常,获得了实用性成效。此项技术已应用于枇杷果实试验,同样获得了具有商品价值的无核枇杷果实,并开始在一些枇杷果园小面积试验。

1. 诱导枇杷单性结实

人们采用赤霉素处理枇杷花穗获得无核果。1994年江苏省农业科学园艺研究所盛宝龙等,用5年生树龄的"霸红"枇杷品种为材料,进行试验。用赤霉素水溶液对枇杷花穗喷雾处理,诱导产生无核枇杷果实。对未开花的花蕾用赤霉素处理,无核果率达94.9%~100%;正开放的花朵用赤霉素处理,无核果率69.6%,谢花后的幼果用赤霉素处理,无核果率36.3%~42.9%,略高于对照。未开放的花蕾用赤霉素液处理能形成较多的无核果,这可能与赤霉素处理时,还未授粉受精有关。

不同浓度的赤霉素溶液处理,无核果率差异不大。12月下旬用250 ppm、500 ppm、1 000 ppm赤霉素液处理未开花的花穗,无核果率分别为 94.9%、98.6%、100%,无核果率略有上升趋势。

在不同时间,对已谢花的幼果用赤霉素液处理,无核果率差异也不大。诱导枇杷单性结果生产无核果实,用 100～1 000 毫克/升的赤霉素液,在枇杷开花期,对花蕾和花朵喷雾,能获得无核果实。这些无核果实大多数会在果实膨大期脱落,小部分宿存在穗轴上不能发育。由赤霉素诱导产生的无核枇杷,疏果后大部分可留在树上直至成熟,比未处理的有核果提前 2～3 周成熟,果实大小仅为有核果的 1/4 左右,无商品价值,并在果实转色期前后容易脱落。

2. 促进无核果实膨大

根据国内外研究无核枇杷果实的成功经验,其主要技术是用赤霉素溶液处理枇杷花穗获得无核果实。再用赤霉素液加吡效隆液的混合液处理无核幼果,促进膨大从而获得理想的无核果实,这一技术已开始推广应用。福建省农业科学院果树研究所,用吡效隆(氯吡脲)1 000 倍液在四倍体枇杷闽三号和其他多倍体枇杷盛花期和坐果期,各喷一次获得完全无核果实。南京农业大学张谷雄等用 20 毫克/升吡效隆液在 3 月上旬对枇杷果穗喷雾,无核果率为 91%。在 1～4 月上旬,用 1 000 毫克/升赤霉素+20 毫克/升吡效隆液,喷雾枇杷花果 2～3 次,无核果率高达 100%。广西用枇杷灵(四川省农业科学院研制,主要成分为吡效隆)100～200 倍液,在枇杷花穗有 50% 开花时喷或浸花穗一次,一个月后在果穗上再喷(或浸)一次,花朵数的无核率达 80% 以上。安徽省农业大学徐凯等,用浓度 15 毫克/升吡效隆液,处理外径为 6 毫米的大红袍品种枇杷幼果,单果重比对照增重 40.7%,白花枇杷的单果重比对照增重 50.4%。

3. 国内外生产无核果经验

据资料报道,日本、印度等国家,早在20世纪60年代就开始用赤霉素处理枇杷花穗,成功获得了无核果,取得了令人满意的结果。当时这一成果引起了全世界园艺界的极大重视。如日本松井铸一郎和管沼广美,用赤霉素诱导枇杷单性结实,各种处理都能形成无核果实,但形成大果的却很少,单果重仅为有核果的一半。日本村西教授在三倍体田中枇杷上做实验,当1/3的花穗盛开时和幼果开始膨大时,用100毫克/升的赤霉素液喷雾2次,形成的无核果较大,提高了果实的商品价值。1963年,印度果树实验站用300毫克/升赤霉素液,分别在9月26日、11月26日,处理汤马骄傲和加州先进两个枇杷品种的花穗,都获得了无核果实,且糖酸比和还原糖略有增加,单果重却略有下降。1974—1975年,印度农业试验站用赤霉素25~400毫克/升液喷雾淡、黄等二个枇杷品种的去雄花朵,各浓度的药液喷后都可获单性结果,产生无核果实,以浓度为1 000毫克/升、2 000毫克/升药液处理的效果最好。在国内福建省农业科学院果树研究所,多次用100毫克/升赤霉素液在盛花期和坐果期,对四倍体枇杷闽三号和其他多倍体枇杷的花穗各喷药一次,均获得完全无核果实,并且提高了坐果率。江西省农业科学院园艺研究所邱家洪等在1996—1997年11月26日和12月27日,先后对长红3号枇杷花穗,用1 000毫克/升、200毫克/升、300毫克/升赤霉素液,进行枇杷果实的无核处理试验,其结果使无核率分别达到89.6%、91.4%、92.2%。但无核果实比对照果实要小。

4. 生产无核果注意的问题

枇杷经以上的各种处理未必能产生100%的无核果实,其原因可能是由同一棵枇杷果树上的花花期不一致,当第一次处理时花的发育阶段不同,使产生的结果不一样,既有无核也有有核的果实,同时又出现无核果不能膨大,这可能是和以下几个方面的因素有关。

(1)应结合喷施吡效隆

吡效隆(PPU)是内含细胞分裂素活性的一种苯基脲,在生产上单一使用赤霉素于花前或花期处理,均能获得较高的无核果率。但在坐果期和幼果期多次用吡效隆加赤霉素处理,能促进无核果增大,获得具有较高商品价值的无核果实。无核果在果实转色前后容易脱落,在果肉细胞分裂期单一用赤霉素处理有一定的防落效果,若能增加吡效隆混合使用防落效果更好。在幼果期多次使用吡效隆加赤霉素,对促进无核果膨大的同时,还可极显著地提高坐果率。

(2)必须补充内源激素

因为枇杷果实发育必须由种子提供一定的激素,无核枇杷果实不能长大的主要原因,是缺少由种子合成的激素。而有核果实迅速分裂期,由于有核枇杷正常果实中细胞分裂素和生长素都含量较高,无核枇杷果实中这两种激素却均处于较低水平。因此,为了加快无核果生长,在细胞迅速分裂期补充细胞分裂素等物质,能促进无核枇杷果实生长,或采用外源植物生长调节剂来补充内源激素的不足。如用较低浓度的赤霉素于花前诱导无核枇杷,能获得较高的无核果率。后期多次用吡效隆加赤霉素处理,其应用的成本低,方法简便,效果将会更好,但处理的浓度、时间,需要进一步试验。

(3)应与栽培管理结合

生产枇杷无核果实,使果实具有商品价值,必须与栽培管理相结合。如无核枇杷果实生产技术、植物生长调节剂的应用,应结合栽培管理,做到及时施肥(即增施腐熟有机肥和磷、钾肥)培壮树势和及时疏花果,防治病虫害,使生态环境有利于无核果实的生长发育,成为单果大、品质优的高档无核果实。

八、枇杷灾害防治

枇杷的灾害主要有霜冻寒害、台风伤裂和高温热害,这些灾害必须加强防治,以免给生产造成严重损失。

1. 霜冻寒害

枇杷从开花到果实成熟的6个多月中,所历经的环境温度是:开花在-6℃以下,幼果在-3℃以下,胚珠在-2℃的温度下,超过这个温度临界线,果实就会受到冻害。进入20世纪90年代以来,如福建省莆田市是枇杷最适生产区,在2004年12月29日,曾受到入冬以来最强的北方强冷空气袭击,使全市枇杷受冻面积达到13.84万亩,占莆田市枇杷栽培总面积的一半左右。因此,做好枇杷果树冬季防治冻害和冻后管理,是尽力减轻灾害损失的重要措施。

(1)冻前防寒措施:近年来,有时出现气候反常的年份,寒害频繁发生,危害枇杷程度严重。早熟品种结果期早,幼果易受冻害;中熟品种次之,晚熟品种受冻少。枇杷冬季防寒措施有以下几点:①选择抗寒品种:如浙江的洛阳青,江苏的照种等,品质优良不易受冻害。②选用抗寒砧木:石楠作枇杷砧木,嫁接后的果树根系发达,能极大地提高枇杷的抗冻能力。③选好枇杷园地:枇杷果园的适宜地应选在避风的东南山坡,或海拔较高的山腰地带(能较好地充分利用逆向温差),或湖泊江河、水塘水库的四周和沿岸,遇到寒流袭击时,气温下降幅度相对较小,是最好的枇杷建园基地。④建立防护林带:防护林可以改善果园小气候。⑤适时追施肥料:果树营养充足能增强树势,枇杷从花期至幼果期每隔15天喷施0.2%尿素液+0.2%磷酸二氢钾(花期加0.1%硼砂),能提高抗寒防冻能力。⑥果园灌水熏烟:冬季土壤缺水、空气干燥,应在冻前5~7

天(12月下旬)灌水防止冻害。在这段时期注意收听当地气象预报,如气温会降到0~3℃时,夜间果园内布设烟堆,就地取材,利用稻草、枯枝落叶、杂草锯屑,每667平方米摆放5~6堆,可提高果园温度2℃左右。⑦树盘覆盖,树干涂白:在12月初树盘覆盖稻草、地膜,减少地面辐射散热。树干上刷白,减少树干受冻裂皮(使用的白涂剂配方见表7-1)。⑧花果束叶套袋:11月中旬开始将花穗、幼果临近的枝叶捆拢,再把花穗下部叶片向上与花穗裹束在中间,可以减少冻害,或采用套袋措施能有效地提高袋内温度2~5℃,可使幼果免受冻害。⑨设施栽培防冻:用毛竹、杂木或铁管搭起棚架,覆盖薄膜,天气寒冷时大棚内气温比大棚外气温高3~5℃,枇杷不易受冻。但要管理好大棚覆盖时间,如冻害来临前和盛花期,应采取日开夜盖,以利枇杷授粉受精。

表7-1 常用的白涂剂配方及其用途

配方	用途
1. 生石灰5千克,硫磺0.5千克,水20千克	防治树干病虫害等
2. 生石灰5千克,石硫合剂原液0.5千克,食盐0.5千克,动物油0.1千克,水20千克	防日灼病
3. 生石灰5千克,石硫合剂渣5千克,水20千克	防治树干病虫害等
4. 生石灰5千克,食盐2千克,动物油0.1千克,水20千克	防日灼病、冻害

(2)冻后加强管理:枇杷经历了严冬的一场冻害后,应及时追施速效性肥料,并要结合喷施3~4次根外叶面肥,恢复树势。果园进行浅中耕,松土通气,促进根系生长。排除地面积水,降低地下水位,以利根系健壮。摘除冻花冻果,减少养分消耗。

2. 台风伤裂

我国南方沿海一带夏秋之间,台风灾害频繁。由于枇杷树冠高大,叶多繁茂,容易挡风。根系不够发达,扎入土壤较浅,易被大风刮倒。正是枇杷树的抗风能力较弱,往往大风过后会造成树体伤裂。轻者枝折叶落,重者全树倒伏,给枇杷生产带来严重损失。因此,在台风多发地区,必须营造防风林带,阻挡气流,降低风速或设立支柱,支撑树体枝干,防止大风将果树腰折刮倒。对已受风害的果树,应集中力量扶起、扶正被风吹倒和歪斜果树,及时追肥结合培土护根,恢复创伤。被风伤裂的树体,根据不同程度和部位进行处理。轻者剪除断枝用2%硫酸铜进行伤口消毒,再涂上843康复剂原液,保护伤口。伤裂严重的枝干全部锯除,涂上伤口保护剂,促进萌芽生枝。伤裂轻微的枝干,用塑料薄膜包扎,使伤枝尽快恢复长势。

伤口保护剂配制方法:松香800克、油脂100克、酒精300克、松节油50克等原料,先将松香和油脂放入锅中,用火加热搅拌,待松香、油脂溶解后,把锅端下冷半小时,再慢慢向锅内加入酒精、松节油,最后充分搅拌即成。

3. 高温热害

由高温引起枇杷伤害的现象通称为热害。我国南方4~6月份开始进入夏季,此期正枇杷果实成熟期,日平均气温高达31℃,极端高温达到38℃,加上太阳猛烈直射暴晒树干、树枝、树皮、果实以及干热风的危害。向阳部的枇杷果实细胞失水焦枯,出现日灼病和落果,高温热害对枇杷产量带来极大影响。向阳枝干及韧皮部导管组织坏死,高温快速变化而引起果树代谢异常,树体内酶类活动丧失,蛋白质发生变性反应,叶片光合作用急剧下降,碳素代谢不良,光合或呼吸速度随着温度升高却增高,消耗贮存的养分时间过久,植株呈现"饥饿",甚至死亡。根据热害对枇杷生产的损失,必须采取防治措施。①立夏节后,中耕枇杷果树树盘,将套种的绿肥和作物秆收割覆盖在树盘上,再加盖一层薄膜,然后填上细土,防止根部表土辐射,减轻土壤蒸发。②如遇干旱天气,及时进行果园灌水,没有灌溉条件的应及时人工浇水(成年果树每棵浇水一担,幼龄树每棵浇水一桶),或树冠喷水,提高果园湿度,降低果树株行间温度,缓解热害。③5月初在枇杷树干上用涂白剂进行刷白,减轻太阳直射暴晒树皮,兼治日灼病和天牛危害。④有条件可以采用遮阳网覆盖树冠,减轻热害损失。

第八章 枇杷主要病虫害防治

枇杷病虫种类较多,而且多般能混合发生。常见的病害有非侵染性和侵染性两类;常见的虫害有十多种。这些病虫害危害后不仅使枇杷产量降低,树势削弱,同时影响果实品质,给枇杷生产造成巨大的经济损失。

一、非侵染性病害与防治

非侵染性病害,又称生理性病害。这种病害的发生,不是受病毒、细菌和真菌等病原微生物侵害所引起的,而是由不良外界环境条件所致。

1. 叶尖焦枯病

【症状】叶尖焦枯病主要发生在枇杷树的新梢嫩叶上,当嫩叶抽生至2厘米左右长时,叶尖发病呈黄褐色坏死,然后整个叶片慢慢黑色焦枯。病叶变小,畸形脱落,留下叶柄,以后全叶全枝枯死,果实生长缓慢,并出现落果。病树根数量减少,树体长势衰弱,明显矮小,俗称"枇杷瘟"。

【发病规律】枇杷盛花后1个月左右开始发病,3~4月份随着气温回升病情发展快,5月份为发病高峰。果实采收后病情好转,根系逐渐恢复,新梢嫩叶生长正常。果园土壤酸性强发病则重,土壤pH值4.6是该病发生的临界值。据研究认为枇杷叶尖焦枯病是土壤缺钙所致。

【防治方法】选择抗病力强的品种栽培,如解放钟等,加强果园肥水管理,培育健壮树势,增强树体自身抵抗力。酸性较重的土壤进行扩穴施入有机肥料,增加钾肥、石灰、钙肥的施用量。对发病果树叶面喷洒0.4%氯化钙或在发病果树根部每株施石灰5千克,防治效果较好。

2. 日烧病

【症状】日烧病又称日灼病,发病果实向着太阳面的果肉产生不规则凹陷,出现黑褐色病斑,果肉干燥黏着果核,不能食用。发病枝干病部多发生在朝西的表皮,罹病树皮干瘪凹陷,爆裂翘起,最后向阳面病部形成焦斑深达木质部。

【发病规律】凡建在朝西南坡或平地位置的枇杷园,经常被烈日直射和高温作用后,会引起果实、枝干局部组织细胞失水焦枯。如遇早上浓雾而中午前后气温高达30℃以上天气,此时果面温度亦达32℃,即易发生此病。凡树势衰弱,叶片生长不旺的枇杷树也易发病。特别在果实由浓绿色转为淡绿色前后,常有上述天气,最容易发生日灼现象。

【防治方法】选用抗病品种,加强果园管理,培养合理树冠,使枝叶生长繁茂,枝干果实防止强光暴晒;4~5月份果实由浓绿色转为淡绿色时,树干用涂白剂涂刷;如部分树皮已被太阳强光直晒后坏死,要在伤口上涂上50%多菌灵50倍液;果实在转色前进行套袋或在晴天中午用遮阳网遮挡强光;果实成熟期遇晴热高温天气,应在上午10点前,下午4点后向树冠喷水,可增加果园湿度,降低温度,减轻发病。

3. 皱果病

【症状】果实成熟期出现高温干旱天气,如没有及时灌水,果园土壤缺少水分,果树叶片在生长时抢夺果实中的水分,使果皮出现皱缩,直接影响未成熟果和成熟果的品质以至降低或失去商品价值。

【发病规律】皱果病的发生主要与品种、果实成熟期的气候和栽培管理有关。如果实含糖量高、果实肉质细嫩的枇杷品种比较容易发病;果实成熟期遇高温,空气湿度小也易发病;果园管理粗放,土壤贫瘠黏重,大年树结果多,或采收过迟等因素,都会发生皱果现象。

【防治方法】选择抗病品种,果实适时套袋,果实成熟期出现高温干旱天气,做到及时灌水抗旱(或浇水抗旱),树盘覆盖或果园喷灌(人工浇水也可),施用水分蒸散抑制剂(AB10N～207)稀释500倍液。都能有效地防止干热风伤害,减少皱果病发生。对兼治日烧病也十分有效。

4. 裂果病

【症状】枇杷果实在膨大期或果实着色前后,遇干旱或骤雨,或前期干旱,后期大量灌水,果树过量吸收水分,果肉细胞迅速膨大,导致果皮胀破,部分果肉果核外露,裂果后的果实容易腐烂变质。

【发病规律】裂果病与品种、气候、管理的关系密切。果实皮薄、果形较长的枇杷品种容易裂果,肥水管理粗放,排水不及时,施肥偏氮,树势生长过旺,整枝修剪差等,都是容易引起发病的原因。

【防治方法】选择不易裂果品种;疏果后全面采取套袋栽培;加强果园管理,适时施肥供水,用黑色薄膜覆盖树盘,长期保持果园土壤湿润,坚持配方施肥,幼果膨大期坚持喷施叶面肥。用0.2%尿素液+0.2%硼酸(硼酸)液+0.2%磷酸二氢钾溶液混合喷施,每隔10天1次,连喷2～3次,果皮转淡绿色时,对树冠喷施一定量的化学药剂,800毫克/升乙烯利溶液(或1 000毫克/升乙烯利溶液)能有效防止枇杷裂果病发生并能促使果实提早成熟,接近成熟的裂果可以及时采摘,用于加工果酒或果酱、罐头等产品。

5. 栓皮病

【症状】别名癞头病,发病初期幼果表面呈现油渍状,果实受害后表皮为暗绿色,果面上的绒毛和蜡质渐渐脱落。随着幼果膨大,病斑木栓化,呈黄褐色,病斑表面产生开裂。

【发病规律】栓皮病多发生在急骤降温时,幼果表面因受凝霜冰雪危害,果皮细胞冻伤,整层细胞被坏死,伤口愈合后形成栓皮(果面的其他机械损伤,也会导致栓皮病)。霜冰年份发病率较多,树冠外围的果实发病多于内膛果,在果实上发病多在背阳面。

【防治方法】幼果期(即青果核经达2.5厘米时)开始在果实上进行套袋;冻前果园灌透水,树盘覆盖地膜;果园熏烟驱寒等,做好防冻害措施。果园外营造防护林带,形成良好的果园气候。

6. 果锈病

【症状】发病初期果实表皮出现细条状或斑点状褐色锈斑,果实膨大后褐色锈斑布满全果表皮。

【发病规律】枇杷在幼果期受低温高湿和强直射阳光的影响,形成褐色锈斑,品种不同发病各异,一般树冠外侧的果实发病较多。

【防治方法】选用抗病品种;枇杷青果直径达2.5厘米时,进行果实套袋(使用牛皮纸做果袋为好);采用防冻和遮阳措施,防治果锈病发生。

7. 紫斑病

【症状】紫斑病又名赤斑病(俗称"花枇杷")。果实成熟时,果皮上出现紫红色或黑褐色不规则斑纹或斑点。病斑多出现在向阳面,然后遍及整个果面,不伤及果肉,也不马上引起果实腐烂。

【发病规律】紫斑病是在果实成熟后期突然出现的病症,与阳光照射有密切关系,收获果实时遇持续晴天,阳光强烈,最易发病。据观察枇杷早熟品种,容易发生此病。

【防治方法】选择抗病品种;采用套袋技术;采收果实时,不能暴晒,要把摘下的果实放到没有阳光的通风处预冷。

8. 脐黑病

【症状】果皮顶部的萼片附近(即果脐部位),发病初期呈现青绿色,后因失水面丧失新鲜感,最终变为黑色的一种生理性病害。

【发病规律】果实向上的枇杷品种发病多,树冠上部的果穗易发此病,阳光直射的果穗容易发病,有时套袋的果实比不套袋的发病重。

【防治方法】选用抗病品种,改进套袋方法和选用优质果袋材料,如树冠外围和顶部果实采用旧报纸材料的纸袋,透光性低;合理修剪,选留枝叶遮光,避免阳光直射在果实上。

二、侵染性病害与防治

侵染性病害又称寄生性病害,包括真菌、细菌、线虫和寄生性种子植物等的侵染。

1. 枝干腐烂病

【症状】枝干腐烂病又称"烂脚病"。病菌侵染枇杷果树枝干皮层,初发病时多在根颈部,近地面处的韧皮部褐变,以后逐渐扩大到根颈四周,造成全株死亡。也有的蔓延到树干和主枝。此病发生在根颈部位的占发病总株数的22.3%,主干上的占发病总株数的51.4%,发生在侧枝上的占发病总株数的26.3%,枝干发病初期以皮孔为中心,形成椭圆形病状突起,直径为0.2~0.5厘米,中央呈扁圆形开裂。病部逐渐扩大,发病树皮红褐色,病部和健部交界处呈磷状开裂翘起。严重时环绕受病枝干皮层一周发生坏死腐烂,造成果树生长衰弱,枝枯叶落或全株枯死。嫁接苗在接合部易发此病。目前,枇杷枝干腐烂病病原菌尚未查清。

【发病规律】病原菌为一种子囊菌。病菌以菌丝体和分生孢子同在枇杷树病干和其他病残体中越冬。菌丝在10~25℃温度范围内均可生长,最适生长温度为25~28℃。在4~6月份和8~9月份发病较多。病菌属于弱寄生菌,主要通过伤口侵入,也可通过枝干皮孔和芽眼等处侵入,分生孢子由雨水传播,有些昆虫特别是蛀基害虫,如天牛类的危害伤口也能传播病菌,旱季如遇气温持续偏高,雨水多,湿度大,易使该病流行发生。

【防止方法】加强果园肥水管理,培育健壮树体;发现病斑上翘起的裂皮,要及时刮除,将刮下的病屑就地烧毁,然后在刮过病斑伤口处涂上843康复剂+50%甲基托布津+可湿性粉剂50倍液,每月喷1次,连续3次。再喷等量的波尔多液或石灰硫磺浆液为主的传统有机农药,对伤口愈合效果良好。

2. 白纹羽病

【症状】白纹羽病病原菌为半知菌亚门的洛赛壳菌。病菌主要侵染枇杷树根部和根颈部,受害树与根颈周围的土壤表面,出现灰白色的菌丝,根部受害后老根和主根上,形成略带褐色的菌丝和菌丝体,有时能填满土壤中的空隙。菌丝可穿过皮层侵入木质部,导致全根腐烂。此病初发时,发芽延迟,新梢瘦弱,生长缓慢,晴天叶片萎蔫,老叶干枯,黄化脱落至全株枯死,如将主干病部树皮扒开,可见到木质部布满了白色菌丝。白纹羽病在日本发生较普遍,国内尚未见报道,该病属于一种检疫性病害。

【发病规律】白纹病是以土壤带菌传播的根部病害,其他果树也普遍发生。除土壤带菌之外,病苗也是病源传播途径之一。在温暖多湿的梅雨季节容易发病。果园土壤黏重,含水量高,通透性条件差,发病则重;排水良好的沙质土壤或果园地势较高,土壤干爽,发病就轻,树势生长较弱或老龄弱树,或结果过多的树都容易发病。

【防治方法】严格坚持对调运苗木、接穗的检疫制度,杜绝传播,发现有病苗木立即烧毁,防止病害蔓延;加强对果园的肥水管理,增强树势,提高抗病能力;果园发现病株立即挖除,挖走病树的病坑土,撒上石灰进行彻底消毒灭菌;选用药剂防治:①70%甲基托布津以300～500倍液或50%多菌灵200倍液淋灌果树根部,然后按果园面积每平方米撒施石灰0.5千克灭菌。②每株用20%五氯硝基苯粉剂1.5千克与等量的泥土拌均匀后施于根部周围效果较好。

3. 胡麻色斑病

【症状】该病俗语称"苗瘟"。为在枇杷产区普遍发生的病害。病菌侵染苗木叶片,发病初期叶面出现暗紫色病斑,以后逐渐变成灰色或白色,中央散生黑色小粒点,发病严重的小病斑扩大,互相连成块,引起叶片枯萎脱落,降低嫁接成活率,病菌侵染苗木茎干后会引起苗木枯死。

【发病规律】该病的病原菌为枇杷虫形孢菌,属于半知菌亚门,病菌以分生孢子盘在病叶上越冬;翌年春末夏初产生分生孢子,病菌通过风、雨传播。分生孢子无色、虫形,4个细胞成十字排列,传染适温为10~15℃,气温超过20℃则发病率下降。排水不良的低洼地枇杷苗木容易发病,春季梅雨期和秋季阴雨连绵时节,是发病盛期。

【防治方法】做好冬季清园工作,减少翌年病源;加强苗圃管理,合理施肥,提高苗木抗病力;及时剪除有病枝叶;在易发病季节选用药剂防治:①0.5%等量式波尔多液,每隔15~20天喷1次,连续4~6次;②苯莱特1 500倍液;③77%可杀得600~800倍液;④80%代森锰锌600倍液;⑤50%施得功可湿性粉剂200倍液;⑥50%甲基托布津800倍液,每隔10~15天喷1次,连续2~3次。

4. 叶斑病

叶斑病是枇杷产区最普遍最主要的一种病害。枇杷叶斑病是灰斑病、斑点病、角斑病的总称。这三种病害常在枇杷叶片上混合发生。感染此病后的枇杷树叶片上,发生较多的病斑,叶片黄化变小,提早落叶,光合作用受到影响,树势衰弱,产量低,果质劣。

【症状】灰斑病、斑点病、角斑病,这三种病的症状分别如下:

(1)灰斑病:主要危害枇杷树的叶片。病原菌为盘多毛孢(属半知菌),病菌侵染幼芽、嫩叶、老叶、枝条、花蕾、果实。是目前危害枇杷产量、品质最重的病害。嫩叶被害初呈黄褐色小斑点,后转紫黑色,由几个病斑融合扩大,叶片卷曲凋萎。花朵受害花蕊由褐色变干枯。幼果受害产生紫褐色病斑,后期凹陷,散生黑色小点,严重时果肉软化腐烂。老叶受害出现黄褐色斑点,继而逐渐扩大连成大病斑,叶片中央呈灰白色或灰黄色。

(2)斑点病:病原菌为枇杷叶点霉(属半知菌)。病菌侵入叶片,先出现赤褐色小点。后扩大成圆形,中央变为灰黄色,外缘呈灰棕色或赤褐色。由许多病斑连成不规则形斑块,使病叶局部或整片枯死。与灰斑病比较,斑点病的病斑较小。

(3)角斑病:该病原菌为枇杷尾孢(属半知菌)。病菌只侵染叶片,受害叶片先出现褐色小斑点,然后病斑以叶脉为界,扩大成多角形赤褐色病斑,外缘常常有黄色晕环,后期长出黑色霉状小粒点。

【发病规律】枇杷叶斑病的病原都是半知菌,在温暖多湿的环境中容易发病,病菌生长适温为24~28℃,温度高于32℃或低于20℃时会受到抑制。一年中多次侵染,尤其在多雨季节是斑点病的盛发时期。我国长江中下游枇杷产区,3月中下旬至7月中下旬,9月上旬至10月底,都是叶斑病迅速蔓延发展期。梅雨季节,在土壤瘠薄、排水不良、管理不善的枇杷果园,树势不旺,生长较差,更易发病。干旱时灰斑病、角斑病易发。病菌一般是从嫩叶的气孔或果实的气孔(皮孔)及伤口侵入。因此,要注重果树发枝展叶后的保护。

【防治方法】加强果园肥水管理,增强树势,提高果树对病害的抵抗力;修剪时疏去密枝,改善通风透光条件,降低内腔湿度;冬季结合清园,清除枯枝落叶、寄生杂草,减少病源。选择药剂防治:春、夏、秋各季枝梢萌发抽生展叶期用药。①喷洒0.3~0.4波美度的石硫合剂保护叶片,每隔10~15天喷1次,连续2~3次。②70%甲基托布津可湿性粉剂800~1 000倍液。③50%多菌灵可湿粉剂800~1 000倍液。④50%苯莱特可湿性粉剂1 500倍液。⑤30%氧氯代铜500~700倍液。以上药剂交替使用,每次抽梢期喷2次,相隔半月喷一次。

5. 炭疽病

【症状】该病的病菌主要侵染危害枇杷果实,有的年份危害叶片、嫩梢较严重，果实发病初时，果面上产生淡褐色水浸状圆形凹陷病斑，以后密生小黑点，排列成同心轮纹状。即为病菌的分生孢子盘，当雨水湿润时，分生孢子盘内粉红色黏物（分生孢子团）就会溢出。后期病斑扩大成块，使果实局部及全果软腐或干缩成僵果。

【发病规律】病原菌为半知菌亚门的盘长孢状刺盘孢菌。病菌以菌丝体在病果残体及带病枝梢上越冬，翌年春季温暖多雨时，产生新的分生孢子，随着风雨、昆虫传播，再次侵染危害。果园排水不良、树梢荫蔽、施肥过多、遇上连绵多雨或大风冰雹等灾害性天气，枇杷幼苗、果实、叶片发病多。

【防治方法】做好枇杷果园管理，开沟排水，增施磷、钾肥，使树势健旺，提高抗病能力；果实采收期结合修剪、清除病枝、病果、病叶和地面杂草，集中烧毁，消灭病源；抽梢展叶期和果产着色前选择下列杀菌剂防治：①大生 M-45 用 500～600 倍液；②50％施保功可湿性粉剂 2 000 倍液；③77％可杀得悬浮剂 600～800 倍液；④5％百可得可湿性粉剂 1 500 倍液；⑤50％退菌特可湿性粉剂 500 倍液；⑥0.5％～0.6％波尔多液等，在幼果套袋前连续喷 2 次。

6. 污叶病

【症状】污叶病是枇杷园主要危害叶背的一种常见病。发病初在叶背出现暗褐小点，病斑不规则，后成煤烟色粉状绒层，小病斑连合成大病块。严重时全树大部分叶片均发病，很快发展到全园果树叶片。

【发病规律】病原菌是枇杷刀孢真菌（属半知菌亚门），病菌以分生孢子在叶片上越冬，翌年从春季到晚秋都会发病，以 8～12 月份为发病盛期。

【防治方法】果园地要选择在向阳处，加强肥水管理，增施磷、钾肥,提高果树抗病力,合理剪修树枝,使果树内膛阳光充足;经常清除园内病叶枯枝和寄生杂草,集中烧毁,减少病原菌传播;选择药剂防治:①0.5%～0.6%等量式波尔多液;②大生 M-45 用 600～700 倍液;③50%施得功可湿性粉剂 2 000 倍液或 77%可杀得 600～800 倍液;④50%多菌灵可湿性粉剂 500～600 倍液;⑤20%丙环唑油 2500 倍液。

7. 癌肿病

【症状】枇杷癌肿病又称溃疡病。在日本枇杷产区发生严重。病菌主要危害枇杷树干,也危害芽、叶、果及浅土层根系。在枝干及根部发病初期,有黄褐色小斑点,以后逐渐侵入内部,表面变黑溃疡病状,表皮易剥离,被害部周围肥大成头庞状突起癌肿,严重时枝干枯死。新芽受害出现黑色溃疡,叶片受害产生黑褐色斑点,后期病部破裂为孔洞。幼果发病表现为烫伤状病斑,以后成黑色溃疡,并逐渐融合成软木状,表面产生裂纹,形成黑色的痂,果梗表面似裂纹产生酱状物。

【发病规律】病原菌为细菌,在枝干的病部越冬。翌年 3～7 月份雨季,通过风雨昆虫(如梨小食心虫、天牛及木蠹蛾)所危害的伤口侵染。还可从人工抹芽后的芽痕、采果后的果痕、落叶后的叶痕、修剪后的伤口及使用过的工具等处传播。在多雨水和台风季节,或树势衰弱或枇杷品种抗病力不强等情况下,癌肿最容易发生。

【防治方法】严格检疫,禁止带病苗木和接穗外销传播;加强果园管理,及时施肥灌排,提高树体抗病能力;结合清园疏除病枝、扫净枯枝、病叶、杂草集中烧毁;采果、剪枝、抹芽等操作使用过的工具要用药消毒,以防带菌传播;选用下列药剂防治:①1 000 倍升贡水或 1 000 倍链霉素药液进行伤口涂刷消毒;②喷雾 0.5～0.6 等量式波尔多液保护伤口,或 40%抗菌剂 1 000 倍液;③用

843康复剂、农用链霉素糊剂、波美5度石硫合剂等涂刷伤口。

8. 赤衣病

【症状】赤衣病主要危害枇杷枝干的皮部,造成落叶、枯枝或整株果树死亡。枇杷果树枝干被感染后,病枝上的叶片凋萎,病枝表皮上着生一层粉红色或白色菌丝和稍隆起的小块点。严重时树皮裂开,易剥离脱落,呈溃疡状。赤衣病的寄主有茶树、柑橘树、桃树、梨树、苹果树、荔枝树、芒果树。

【发病规律】病菌为担子菌类的真菌。病原孢子在第二年春季靠风雨传播。遇高温多湿的环境则发芽长出白色菌丝,从表皮深入木质部,阻止水分养分输送,叶片枯萎(此时病菌已侵入一个多月之久),每年4月上旬能在果园发现枇杷果树的枯枝,到8月份后发病渐少。

【防治方法】剪除病枝烧毁,通过整形修剪疏除多余枝条,以利果树内膛通风透光;3~4月份用药剂防治:50%多菌灵可湿性粉剂800~1 000倍液,每隔2周喷雾1次,连续喷3~4次。

9. 心腐病

【症状】病菌每年侵染成熟的枇杷果实。受害果实表面产生似圆形褐色水浸状病斑,直径约6~15毫米,病菌逐渐伸入果心,周围果肉组织变成褐色,病斑上着生呈灰褐色菌丝。到后期病果会渗出液体,果实即腐烂。

【发病规律】病原菌为半知菌亚门根念珠霉菌。病菌以菌丝体在病果上越冬,翌年春季菌丝体靠风雨、昆虫传播,从果蒂、花蕾处侵入果实组织。4~5月份果实成熟期、果实贮运期发病较多,不同品种的果实发病情况各不一样。

【防治方法】结合清理果园的病枝、病叶、病果集中烧毁;在青果期(果实直径达1.5厘米时)进行套袋。选用下列药剂进行防治:①600倍大生 M-45;②50%多菌灵可湿性粉剂 800 倍液或 80%代森锰锌可湿性粉剂 800 倍液;③70%甲基托布津可湿性粉剂 800~1 000 倍液;④20%三唑酮乳油 3 000 倍液等。

10. 白绢病

【症状】枇杷白绢病又名"茎基腐病"。该病危害多种果树,如苹果树、梨树、桃树。枇杷树发病部位,成年果树(或苗木)根的茎部,距地面 5~10 厘米处,发病初期根颈表面形成白色菌丝,表皮呈现水渍状褐色病斑,菌丝继续生长直至根颈部覆盖着丝绢状白色菌丝房,故名白绢病。病情进一步发展时,根颈部的皮层腐烂,溢出褐色汁液。病株地上部叶片发黄变小,枝条节间短缩,结果量多,果粒细小,病斑环绕树干后,在夏季会突然全株枯死。

【发病规律】病菌以菌丝体在病树根颈部或以菌丝在土壤越冬,翌年再生出菌丝侵染果树,高温多雨季节容易发病,果园内病菌在近距离传播,主要靠菌核通过雨水流入灌溉水,进行再次侵染蔓延。远距离传播则通过苗木带病传播到新的无病区。

【防治方法】严格检疫制度,禁止有病苗木外销;健苗用 70%甲基托布津(或多菌灵)800~1 000 倍液或 2%石灰水浸 20~30 分钟,杀灭根部病菌;避免在老病园地上重建枇杷园;出现病症的枇杷树干基部主根附近扒开土壤晒根,抑制病菌危害和发生发展;刮除根部病斑后用 1%硫酸铜液消毒伤口,再涂上波尔多液与其他药浆等保护剂,然后覆盖新土;病株外围开挖隔离沟,封锁病区,防止蔓延。

枇杷其他病害见表 8-1。

表 8-1　枇杷其他病害与防治

病名	症状	病原	防治方法
赤锈病	该病初发时叶片上产生橙黄色或黄褐色锈斑,呈粒状,有外膜,故不飞散。在当年花芽过多,树势衰弱等情况下,最易发病。成年树全年都有发生,以10月花穗已形成即开花前发病最重。树冠郁闭,通风透光不良,树势衰弱,易发病	病原菌是一种锈病菌,以冬孢子在病叶上越冬	加强果园管理,摘好整形修剪,使果树内膛通风透光良好;清除落叶,集中烧毁,消灭病原体,减少发病源。10月果树出现花蕾后,用药防治:0.3波美度石硫合剂喷雾2～3次,2月下旬至3月上旬春梢未抽发之前,用同样浓度再喷1～2次
紫纹羽病	紫纹羽病初期症状与白纹羽病相似,树势衰弱,叶片发黄,最后全树枯死。彼害根部呈现赤褐色,表面有紫褐色丝状物即菌丝缠绕,由菌丝集合形成菌核。健壮树的根部与病根接触后,极易传染蔓延	病原菌是一种半知菌	加强肥水管理,增强树势,提高树体抗病力;梅雨季节发现病树应将根部挖出切除病根,用50%五托布津300～500倍液或20%五氯硝基苯200倍液消毒(15年树龄需要40升水液)或20%五氯硝基粉剂1.5千克与等量细土拌均后盖到根部四周,效果较好

续表

病名	症状	病原	防治方法
枇杷花穗腐烂病	该病在四川枇杷产区发生较普遍。如花期雨水多,果园郁闭,发病严重,10月份以后严重危害花穗,花轴变褐呈软腐烂状(不会直接危害花果),用手捏病部时会有黏稠腐烂组织出现,后期被害部果皮皱缩干枯,呈萎蔫状	此病是否属枇杷芽枯病,正在观察鉴定之中	结合防治枇杷期虫害时,注重对此病加以预防,保证枇杷开花结果顺利。适用如下药剂防治:①甲基托布津800倍液;②多菌灵500倍液预防。每隔7天喷1次
枇杷果实栓皮病(暂名)俗名"燥皮"、"脆皮果"、"癞头果"、"和尚头"、"癞头疤"	幼果感病初期,果面呈油漆状熟印,色泽比未受害部位深绿发暗。用显微镜观察被害部果皮,发现附生在里面的茸毛和蜡质大约有1～4层细胞软熟模糊。随着幼果发育,病斑逐渐变成栓皮干燥,呈黄褐色。果实成熟时,果面健部为橙黄色,病部则呈黄白色或灰白色栓皮斑疤,并有爆裂皱的细屑,故称"栓皮病"	该病是枇杷果实的一种生理性病害 主要是果实幼果面凝聚的霜雪(主要是霜)融化时,由于局部温度急剧降低,导致果皮细胞冻伤之后,冻伤部位愈合成栓皮化 枇杷幼果大多是果顶向上,果顶形成圆圈似的斑块,如有部分幼果侧生,即凝霜	①喷水:在霜冻夜晚,19点至次日7点,每隔半小时喷水洗霜(雪天不用喷水)或用薄膜遮盖,平时不用喷水、不用盖膜 ②束枝:霜冻和雪前将3年生树龄的枝序为一束,用绳子束束里,待霜雪过后的翌日上午8时解开束枝,雪天要及时弃雪,以免积雪压折树枝 ③熏烟:霜冻之夜,每667平方米果园摆放6堆熏烟驱霜冻

续表

病名	症状	病原	防治方法
枇杷果实栓皮病（暂名）俗称"燥皮"、"脆皮"、"和尚头"、"癞头疤"	病斑有两种形状：一种为圆圈形，在果顶环绕萼筒四周，宽度为0.8~2.31厘米，状似剥成的头发圈，人称"和尚头"；另一种为块斑形，发生在果实的一侧，块斑直径为0.5~3厘米不等，块斑不规则，撕皮易断，故称"癞头疤"。感病果皮变脆，加工罐头，成品不美观，被称为"脆皮果"	在果侧，形成块斑形的病斑。枇杷果实栓皮病据调查，发病多的年份，发病株率高达56.7%~68.4%，单棵果实发病率为27.5%~34.6%，严重的高达82.9%~85.4%。被害果实外观丑陋，严重影响鲜销果实的商品价值。该病是枇杷果实的主要病害	④盖膜：在霜冻和下雪之前，树冠适用白色塑料薄膜遮盖，待霜雪过后取下盖膜
剥皮病	剥皮病多发生在枇杷果树的树干部，距地面30~60厘米处。被害部外表皮干燥，逐步龟裂，外皮剥落，木质部呈褐色，后成灰褐色，影响树液流动和养分的输送，致使树势衰弱，叶片变淡黄色枯死	病部大多在南向或东南向，与太阳光直射有关	在树干部绑束稻草，防止烈日直射、灼伤脱皮。避免施用过量氮肥，增施钾肥。刮削被害部。涂刷波尔多液。对严重病株，烧毁，挖坑填埋

三、主要虫害与防治

枇杷的主要害虫有 10 余种,对各个害虫的形态特征、危害症状、生活习性以及防治方法分别简介如下:

1. 蚜虫

属同翅目,蚜科。

【形态特征】无翅胎生雌蚜和有翅胎生雌蚜体长 1.3 毫米,体为漆黑色。无翅胎生雄蚜和有翅胎生雄蚜相似,体为深褐色。

【危害症状】蚜虫成虫和若虫群集危害枇杷幼叶、嫩梢,受害的幼嫩叶梢,被蚜虫吸吮汁液后,造成嫩叶凹凸不平,不能正常伸展,并且引发煤烟病,嫩梢卷曲。

【生活习性】蚜虫一年发生 8~10 代,果树叶片老化不便于取食时,无翅胎生蚜虫则会产生有翅蚜虫,迁飞到其他树上危害。4 月上旬至 6 月下旬危害最多。福建南部地区,蚜虫无休眠现象,江西蚜虫以卵在树干上越冬。

【防治方法】关键是保护和利用蚜虫的天敌,进行生物防治。瓢虫、草蛉、食蚜蝇、褐蛉、蚜茧蜂、寄生菌等,这些天敌控制蚜虫发生的作用相当强。据观察 1 只七星瓢虫、大草蛉的一生,可捕食蚜虫 4 000~5 000 头。在蚜虫发生期选择如下药剂防治:①40%氧化乐果乳剂 1 500 倍液或 0.4%杀蚜素乳油 300 倍液。②50%敌敌畏 1 000 倍液。③10%吡虫啉可湿性粉剂 3 000 倍液。④2.5%工夫乳油 3 000 倍液和灭幼脲 3 号 1 500 倍液、抗蚜威 2 000 倍液、克百威 1 000 倍液。这些药剂防治蚜虫都有良好的效果。

2. 介壳虫类

属同翅目,盾介科害虫。危害枇杷树的介壳虫有褐圆蚧、矢尖蚧、梨圆蚧、长牡蛎蚧等。

【形态特征】介壳虫类4个虫的形态特征分别介绍如下。

(1)褐圆蚧:雌虫的介壳圆形,暗紫色,边缘为灰白色,中央隆起呈圆锥形,壳面环纹密而明显,直径为1.5~2毫米,雌成虫体长1.1毫米,倒卵形,腹部较尖,淡黄色;雄蚧壳卵形,体长约1毫米,壳下的雄虫为淡黄色,体长0.75毫米,有1对透明的翅。

(2)矢尖蚧:雌虫蚧壳细长,体长约2~3.5毫米,紫褐色,周围有白边,前端尖,后端宽,中央有一纵脊,脱皮位于前端。雌成虫体长形,橘黄色,体长约2.5毫米;雄成虫体为橘黄色,体长约0.5毫米,具有一对翅。

(3)梨圆蚧:雌成虫蚧壳近圆形,稍隆起,体长约1.7毫米,灰白色或灰褐色;雄成虫蚧壳老熟时灰褐色,长椭圆形,体长1.2~1.5毫米。雌成虫鲜黄色,体长0.9~1.5毫米,宽0.75~1.25毫米;雄成虫翅展1.2毫米,体长0.6毫米,淡黄色至橙黄色。

(4)长牡蛎蚧:雌成虫体长约2毫米,椭圆形,棕褐色。雄成虫体长1.3毫米,棕褐色。初孵出若虫体扁平,不久体背覆蜡质。

【危害症状】介壳虫类主要危害枇杷嫩梢,刺吸汁液。受害部位枯萎,树势衰弱,严重时全树枯死。

【生活习性】褐圆蚧在福建一年发生4代,以若虫越冬,各代第一龄若虫的始发盛期为5月中旬、7月中旬、9月上旬、11月下旬。矢尖蚧一年发生3代,以受精雌虫越冬,各代若虫发生期为5月下旬、7月中旬、10月中旬。梨圆蚧一年发生的代数受地区影响较大,世代重叠严重,第一代若虫发生期为5月上旬,以若虫和少数受精雌成虫越冬。长牡蛎蚧一年发生2~3代,以受精雌虫在枝条上越冬,第一代若虫发生期为5月上旬。

【防治方法】介壳虫天敌种类较多,如多种瓢虫和草蛉虫等。保护和利用这些天敌进行生物防治,均可控制介壳虫的发生。结合清理果园,通过修剪疏除介壳虫危害严重的枝条集中烧毁。药剂防治,要抓住若虫每次分散转移期,分别在5月上旬、7月中旬、9月上旬、11月下旬进行喷药。每10天喷1次,连喷2～3次。常用的药剂:①在夏季用1%的机油乳剂100～500倍液,其他季节用50～60倍液,或加入另一种药剂混合喷雾效果更好。②40%速扑杀乳油1 500倍液或伏乐得可湿性粉剂1 500倍液,0.3～0.5波美度石硫合剂。③50%混灭威乳剂800倍液或50%马拉松乳剂1 000倍液等药剂选用。介壳虫杀灭时喷药必须周到细致,一定要把药液喷到虫体,接触药液才会有效。试验证明,第一代防治若虫被错过,以后各世代重叠,即应选用有机磷农药喷洒。

3. 梨小食心虫

该虫别名东方蛀果蛾,简称梨小。属鳞翅目,卷蛾科。主要以幼虫蛀食危害枇杷果实和枝干。

【形态特征】梨小食心虫成虫体长5～7毫米,翅展11～14毫米,体为灰褐色至暗褐色,前翅前缘具有10组白色斜纹,翅上密布有白色鳞片。卵淡白色,扁椭圆形,幼虫体长10～13毫米,淡红色或粉红色,头黄褐色,蛹长6～7毫米,纺锤形,茧白色,扁平椭圆形。

【危害症状】梨小食心虫成虫产卵于果实的萼孔内,卵孵化出幼虫钻入果内危害种子,粪便排泄在种子周围和果实外面。被害果早期脱落,到后期被害果实在外观上看不出受害症状,但果内却被幼虫蛀食不能食用。幼虫钻进果实后,在贮运期往往虫粪被排在果外,造成烂果。幼虫还常危害新梢和苗木、采果痕及嫁接部位,蛀入表皮内啃食,侵入木质部,出现直径4～5厘米的圆形或不规则形的腐烂斑块,导致癌肿病病菌侵染。

【生活习性】梨小食心虫一年发生 6～7 代,成虫寿命 10～15 天,幼虫发育起点温度 10℃,以老熟幼虫在树干的裂缝及根颈周围等处结茧越冬,到 3 月中下旬越冬幼虫化蛹,第一、第二代幼虫分别在 4 月上中旬和 5 月份,危害枇杷果实。成虫白天静伏,黄昏活动,夜间产卵,散产在果实表面上,每处一粒。梨小食心虫由于寄生广,有转移寄主危害习性,生活史复杂。如果枇杷园附近有桃、梨、李等果园,对枇杷的危害会更严重。

【防治方法】

(1)清除越冬寄主,消灭越冬幼虫;

(2)采用果实套袋栽培,在成虫产卵前喷洒 1 次防病灭虫药剂(青果直径达 1.5～2 厘米时)开始进行套袋;

(3)成虫羽化期用糖醋液或灯光诱杀成虫(糖醋液的配制方法:红糖 1 份、米醋 2 份、水 10 份,加入少量敌百虫和黄酒,配制成诱饵剂),将配制的糖醋液(诱饵剂)放置果园诱杀成虫。利用成虫具有趋光特性或在果园灯光诱杀。

(4)开展查虫测报,每隔 2～3 天在叶面(或果实)上检查所着的卵量,如卵量显著增加时,可指导喷药。

(5)保护天敌,进行生物防治。梨小食心虫卵的天敌赤眼蜂、白僵菌等,均可控制梨小食心虫的危害。

(6)统一规划,合理布局,避免桃、梨、李等果园相邻,防止梨小食心虫转移寄主危害,增加防治难度。

(7)药剂防治:在幼虫孵化期选择下列常用的杀虫剂:①10%除尽悬浮剂 1 500 倍液;②1.8%齐螨素乳油 2 000 倍液或 50%杀螟松 1 000 倍液;③2.5%溴氰菊酯(敌杀死)3 000 倍液;④在 3 月下旬掌握第一代初孵幼虫还没有蛀入幼果时,喷洒 90%敌百虫 1 000 倍液;⑤5%来福灵乳油 2 000 倍液。提醒在果实成熟期禁用杀虫剂。

4. 黄毛虫

属鳞翅目,灯蛾科,成虫又称瘤蛾。

【形态特征】雌成虫体长9~10毫米,翅展20~22毫米,雄成虫体略小,银灰色。幼虫体长21~23毫米,体背黄色,腹部草绿色,头部橘黄色。

【危害症状】黄毛虫是幼虫以危害果树新稍上的幼叶为主。1~2龄幼虫取食叶肉,剩下叶面表皮。3龄幼虫啃食新叶成空洞或缺刻。4~5龄幼虫蚕食全叶,继而啃食叶脉、嫩梢皮部和果皮。严重时新梢、叶片全部被吃光。

【生活习性】黄毛虫在江西、浙江一年发生3代,福建一年发生4~5代,虫发高峰在夏、秋与枝梢萌发期相同,4~5月份和7~8月份,虫情发生量大,老熟幼虫与枝条背阳光处结茧化蛹。

【防治方法】每年冬季彻底清除果园内的杂草落叶,消灭越冬虫源;用黑光灯诱杀成虫,人工捕杀栖息在果树上的成虫,在嫩梢上的幼虫,采取震树落地杀灭。根据新梢抽生期和幼虫初孵期,选用下列杀虫剂:①20%杀灭菊酯乳油4 000倍液;②40%乐斯本乳油1 500倍液;③5%卡死克乳油1 000倍液;④25%果虫敌乳油1 500倍液;⑤50%杀螟松乳剂1 000倍液;⑥90%敌百虫晶体800倍液等。

5. 吸果夜蛾类

吸果夜蛾种类很多,发生普遍,但主要是青安纽夜蛾、赘虫夜蛾,均属磷翅目、夜蛾科。夜蛾以成虫危害枇杷果实。

【形态特征】青安纽夜蛾成虫体长29~31毫米,翅展67~70毫米,头部黄褐色,腹部黄色,幼虫黄褐色。赘虫夜蛾成虫体长21~23毫米,翅展58~60毫米,头及胸部黄色,腹部黄色,幼虫黄褐色。

【危害症状】成虫在枇杷果实成熟期,夜间出动用口器刺吸果实汁液,果实被刺的小孔部位,常表现出不同症状,轻者外表只有一个小孔,内部果肉呈海绵状腐烂,重者果实软腐脱落。早期危害果实往往不易发现,常在采果后的贮运中出现果实腐烂。

【生活习性】吸果夜蛾在江西、浙江等省一年发生3~4代。4月中下旬出现第一代成虫,危害成熟的枇杷果实。成虫白天隐藏在荫蔽处,傍晚开始活动,刺吸果实汁液。成虫在闷热、无风的夜晚数量较多,10月份以后幼虫开始越冬。

【防治方法】在枇杷果园四周铲除吸果夜蛾幼虫寄主植物木防己和汉防己等,可以减轻危害;枇杷果实成熟阶段,设置灯光诱杀成虫,按每公顷果园面积,安装40瓦金黄色荧光灯8~10盏均匀布点,灯光拒避成虫的具体操作方法,按每667平方米面积,设置40瓦黄色荧光灯(波长为0.593 4纳米)1~2支。也可在果园摆放糖醋诱杀成虫,或在傍晚将滴有香茅油的纸片挂在果树上,能起到拒避夜蛾飞来危害果实的作用,次日清早收回香茅油纸片密封,以便再用。夜晚还可在果树上悬挂樟脑丸或喷5.7%白树得1 000倍液,拒避夜蛾的效果最佳,或用敌敌畏杀虫药剂拌西瓜及其他果实悬挂在果园树上,具有一定的诱杀效果,果实套袋可以保护和防止吸果夜蛾危害。

6. 螨类害虫

属蜱螨目,叶螨科。

【形态特征】危害枇杷的螨类害虫有始叶螨、全爪螨。始叶螨体长0.35~0.4毫米,体近梨形,橙黄色至红褐色,卵球形,光滑,直径约0.12毫米。幼螨体形近圆形,长约0.17毫米,若螨体形与成螨相似,较小。全爪螨体长0.3~0.4毫米,暗红色,椭圆形,足4对。雄螨略小,鲜红色。卵球形,直径约0.13毫米。幼螨体长约0.2毫米,体色较淡,足3对,若螨近似于成螨,较小,足

4 对。

【危害症状】螨类害虫以若螨和成螨危害枇杷新梢、嫩叶和花芽。新梢受害后生长缓慢。花芽受害后，在开花期大量花朵萎蔫脱落。叶片受害后呈黄褐色，影响光合作用。

【生活习性】螨类害虫一年发生15～17代，多为两性生殖，也有孤雌生殖现象，后代多为雌螨，卵产于叶片、果实和嫩枝上，世代重叠，以卵和成螨在枇杷树的枝条裂缝、叶背越冬。3～5月春梢抽发期，老螨向新梢迁移危害。一年中在春、秋梢抽发期发生量大。

【防治方法】冬季清园结合刮除树干翘屑和老皮裂缝，刷上白涂剂，消灭越冬虫；保护螨类天敌，进行生物防治，控制害虫发生。药剂防治可选用下列杀螨剂：①20%双甲脒（螨克）乳油1 000倍液；②20%哒螨灵可湿性粉剂2 000～3 000倍液；③5%卡死克乳油1 500倍液；④5%霸螨灵悬浮剂2 000倍液；⑤5%尼索朗1 500倍液；⑥73%克螨特2 000倍液；⑦托尔克1 500倍液；⑧0.3～0.5波美度石硫合剂或20%三氯杀螨醇1 000倍液。要求在叶片正反两面均匀喷雾。

7. 蓑蛾类

属鳞翅，蓑蛾科。蓑蛾又名口袋虫、皮袋虫和大蓑蛾、小蓑蛾。

【形态特征】蓑蛾雄虫有发达的双翅，善于飞翔。雌成虫体肥胖，乳白色无翅，一生在护囊内交尾产卵。卵椭圆形，肉红色。幼虫粗短，蛹纺锤形，红褐色。大蓑蛾雌虫体长23～31毫米，展翅40毫米，末龄幼虫体长20～23毫米，蛹长约20毫米。小蓑蛾雌成虫体长26毫米，雄成虫体长17毫米，展翅22毫米，蛹长15毫米。

【危害症状】蓑蛾食性很杂，危害多种果树。蓑蛾危害枇杷树主要是以幼虫啃食叶片为主，严重时全部叶片被食殆尽，大蓑蛾初龄幼虫取食叶肉,残留表皮。幼虫长大将叶片啃成孔洞或缺刻,最后吃光全叶。小蓑蛾也是危害叶片和取食嫩枝皮,先食叶肉,后啃叶片,仅剩叶脉,由于蓑蛾数量多,食量大,暴发时常把全树叶片吃光后转移到其他果树上继续危害。

【生活习性】大蓑蛾一年发生一代,以老熟幼虫在护囊内越冬,每只雌蛾可产3 000多粒卵,6月底到7月初为孵化盛期。孵化后幼虫爬出护囊,吐丝下垂,随风飘移。然后沿丝附着树上,咬碎叶片做成新护囊。1~3龄幼虫取食叶肉,使叶片呈半透明状斑块,后穿孔或缺刻,最后叶片只剩下叶脉。5龄后护囊做成较厚的丝质,11月间幼虫停食封囊越冬。大蓑蛾在干旱年份最易猖獗,危害成灾。小蓑蛾1年发生一代,以幼虫越冬,翌年3月开始活动,6月中下旬幼虫化蛹,成虫7月上旬出现。每只雌虫可产2 000~3 000粒卵,产出的卵经过7天左右孵化,幼虫从护囊爬出,吐丝下垂,随风飘散到各处,啃食枇杷叶肉,吐丝缀枝聚叶,营造新的护囊。

【防治方法】人工摘除护囊,杀灭大龄幼虫和雌成虫;保护天敌:小蜂科的费氏大腿蜂、粗腿小蜂、姬蜂科的白蚕姬蜂、黄姬蜂、蓑蛾虫姬蜂及寄生蝇等。这些天敌对控制蓑蛾类害虫能发挥最大的作用。药剂防治:在蓑蛾幼虫未做护囊前用20%杀灭菊酯4 000~5 000倍液;2.5%嗅氰菊酯3 000倍液或在7~8月份幼虫未做护囊时,喷90%敌百虫800倍液。7月初在树干茎孔注入50%久效磷内吸剂原液,毒杀食叶幼虫或在幼虫吐丝下垂时,喷50%二溴磷600倍液。

8. 花蓟马

属缨翅目,蓟马科。

【形态特征】花蓟马雌成虫体长约0.9~1毫米,橙黄色,卵呈肾形,淡黄色。若虫初孵时乳白色,2龄后淡黄色,形状与成虫相似,缺翅。蛹(4龄若虫)出现单眼,翅芽明显。

【危害症状】花蓟马成虫和若虫危害枇杷花穗,有时危害嫩叶或果实。枇杷园通常在11～12月份开花时危害最严重,均在花冠危害花瓣。

【生活习性】一年发生6～8代,世代重叠,进行有性生殖和孤雌生殖。以成虫越冬。雌虫羽化后2～3天在叶背、叶脉处或叶肉中产卵,每只雌成虫产卵几十粒至100多粒,孵化后,若虫在枇杷树的枝条嫩芽或嫩叶上吸食汁液。

【防治方法】开花期喷雾50%的巴沙乳油1 000倍液,进行全面防治。

9. 天牛类害虫

天牛类害虫种类多,均属鞘翅目,天牛科。

【形态特征】天牛类害虫包括桑天牛和星天牛。桑天牛成虫体长36～46毫米,体为黑褐色,密被黄褐色绒毛。幼虫体长65～70毫米,圆筒形、乳白色,头部黄褐色,每2～3年发生1代,以幼虫在树干内过冬。星天牛成虫体长19～39毫米,体为黑色,有光泽,具有小白斑。幼虫体长45～67毫米,淡黄白色,一年发生1代。以幼虫在枇杷树干基部或根内(主根内)越冬。

【危害症状】桑天牛成虫啃食枇杷嫩枝皮层,幼虫蛀食枇杷树枝干,造成无数孔洞。受害枝干养分水分运输受阻,严重时枝干枯死。星天牛幼虫蛀食枇杷成年果树主干基部或主根,接着蛀食主干,常因数条幼虫环绕树干基部迂回蛀食,致整个植株枯死。人们容易从树干基部发现地面堆积排出的虫屎和木屑而获知洞内潜伏有幼虫。

【生活习性】天牛成虫先啃食枇杷果树嫩枝皮层、叶片、幼芽,取食3～5天进行交尾,然后在枇杷树枝干上啃一伤口,产卵其中,每处产卵1粒,每只天牛雌虫可产卵100多粒。卵经过10～14天孵化出幼虫,初孵幼虫先在伤口附近取食,后蛀孔入木质部,虫道自上而下,每隔一定距离向外蛀一个排粪孔。随着幼虫的长大,排粪孔的距离也愈来愈远,幼虫多位于最下一排粪孔内。幼虫在危害期间,只要发现枝干上的蛀孔有新鲜虫粪,下方就有天牛幼虫。

【防治方法】

(1)及时除卵:天牛成虫产卵前,在枇杷树主枝和树干上涂刷石灰硫磺合剂或涂白剂,即可防止成虫产卵(涂白剂配比为:生石灰1份,硫磺1份,食盐0.2份,桐油0.2份,水40份)。或在树枝基部表面天牛产卵处(6～8月份)用小刀刮除卵粒。

(2)捕捉成虫:天牛成虫出现期(6～7月间),利用午间成虫静息枝条的习性人工捕捉。

(3)捕杀幼虫:经常检查枇杷果树枝干,发现新鲜虫粪,用小刀在幼虫危害部位,顺树干纵划几道,杀死幼虫。或用铁丝捅入虫孔内勾杀幼虫。

(4)虫孔注药:用普通注射器注入敌敌畏乳剂100倍液于隧道内毒杀幼虫。

(5)虫孔塞药:用磷化铝1粒(0.6克片剂的1/8～1/4)塞入虫孔内,然后用黏泥团紧压封实孔口,毒杀天牛幼虫(磷化铝是剧毒农药,在保管、分割片剂、虫孔施药时,要高度注意安全)。也可用棉花蘸吸敌敌畏乳剂后塞入虫孔,封上泥团,熏杀幼虫或用百部根封排粪孔。

(6)药剂防治:在5月中旬喷洒50%杀螟松1 000倍液。

10. 白蚁类

白蚁的种类很多,危害枇杷树的白蚁主要有黑翅土白蚁和家白蚁两种,均属等翅目,白蚁科。

【形态特征】

(1)黑翅土白蚁兵蚁:体长5毫米,无翅,头部暗黄色卵形;长翅繁殖蚁体长16~18毫米,体柔软,全体为褐色,工蚁体形象兵蚁,但上颚不发达。

(2)家白蚁兵蚁:体长5毫米左右,头部浅黄色卵圆形,长翅繁殖蚁体长15毫米左右,体呈黄褐色,翅淡黄色透明。

【危害症状】白蚁对枇杷树的危害,主要是在土中咬食根系或出土沿树干筑泥路,咬食树皮和茎干,破坏果树根系和树干的正常生长活动。白蚁危害枇杷树后,叶片退绿黄化,根系周围土壤潮湿,被蛀食部位冒出白沫,并有黏胶液流出,韧皮部被白蚁蛀食后,会发出臭味,危害严重的树势衰弱,亦可至树死亡。红壤山地的枇杷果园,白蚁筑巢于土中以危害果树为食。

【生活习性】白蚁有群集性和社会性,有翅白蚁成虫具有趋光性,3月初气温开始转暖即出现危害,干旱是白蚁危害严重的主要条件,即在干旱季节白蚁加强取食以补充水的来源。5~6月份和9月份,出现白蚁危害的两个高峰期,11月下旬入土越冬。在人居住的宅前屋后或低洼积水潮湿的地方,或果树根颈部接触未经腐熟厩肥,都易遭受白蚁危害。或在果园地里套种块茎、块根之类的作物,也极易招引白蚁危害。

【防治方法】

(1)人工挖巢灭蚁:在3~4月份趁白蚁出土分群之际发现蚁洞,进行人工挖掘蚁巢,然后用2%毒死蜱(用量1千克/平方米)或用灭蚁灵粉剂喷雾挖掘蚁巢后的穴底和蚁巢内壁及泥土。

(2)灯光诱杀灭蚁:在4~6月份白蚁有翅成虫的纷飞季节,用黑光灯诱杀白蚁成虫,效果很好。

(3)放置毒饵灭蚁:4~10月份在白蚁分群孔里放灭治白蚁膏,或在白蚁危害的树干基部放置灭蚁饵诱杀。

(4)药剂涂刷根颈:发现白蚁危害严重的枇杷果树,在根部扒开泥土,把受害根颈暴露在外,然后用90%敌百虫晶体15倍液或

40%的乐果20倍液涂刷,每隔10天涂刷1次,连续3～4次。

(5)采用贴皮植补:白蚁危害枇杷果树严重时,伤及到皮层深处,可用"采贴皮补方法"进行靠接,能促发和增生新根,恢复果树的正常生长发育。

(6)保护天敌灭蚁:白蚁的头号天敌是穿山甲,应保护穿山甲,利用天敌消灭白蚁,是根除蚁害最有效的方法之一。

(7)预防白蚁措施:①禁种招引白蚁作物,枇杷园地的行间不能套种高粱、玉米、西瓜、薯类、萝卜、生姜之类的作物,以免招引白蚁蛀食枇杷根茎。②不施用未腐熟厩肥,在施肥时不要将未腐熟的农家肥料接触果树根颈部,以免招引白蚁危害果树根部。③定植时穴内施农药。如用少量呋喃丹(或石灰),可预防白蚁危害枇杷根部。

(8)松针堆沤诱杀:经观察凡有白蚁活动的地方,先挖一个土坑,放入松木、破纸箱等诱集物于土坑内,然后用松针或稻草覆盖再堆上泥土,10～15天后挖开观察,会诱集白蚁蛀食,立即集中杀灭。

(9)用药淋灌苗根:枇杷苗地白蚁危害苗木根部严重,用40%乐斯本乳油1 000倍液淋灌果苗根部灭蚁。

(10)选择药剂灭蚁:①锌硫磷500倍液;②80%敌敌畏500倍液,用药液灌入蚁道和蚁巢;③用少量5%呋喃丹颗粒撒在枇杷树根茎附近。

枇杷树的其他害虫见表8-2。

表 8-2 枇杷其他虫害及防治

虫名	危害情况	生活习性	防治方法
瘤蛾	瘤蛾又名黄毛虫，以幼虫取食枇杷果树幼芽、嫩叶，也取食老叶、嫩茎。嫩叶被害后留下叶脉，老叶受害多从叶背开始啃食。危害严重时，整株叶片吃光，仅剩下叶脉或许少叶残枝	一年发生 5 代，第一代幼虫在 4～5 月危害春梢，7～9 月，第 3～4 代发生量最大，危害夏、秋梢老叶和嫩叶。雌虫卵散产叶背，每只雌虫一生产卵 19～90 粒，成虫寿命 2～10 天；卵期 3～7 天，初孵幼虫群集于新梢和嫩叶，正面取食，2 龄后分散，3 龄后食量增大，嫩叶吃完转向老叶背，幼虫期 15～31 天。老熟幼虫在叶背主脉附近或枝条朝地面荫蔽处结茧化蛹。越冬代在树干基部树皮缝隙结茧化蛹，蛹期 12～30 天	①冬季或早春用稻草擦净树干和树枝，消灭枝干上的越冬蛹；②初龄幼虫群集新叶时，进行人工捕杀；③药剂防治：选用 90% 敌百虫 1 000 倍液；20% 杀灭菊酯乳油 3 000～4 000 倍液杀灭危害新梢幼虫
橘蚜	橘蚜危害枇杷新梢。成虫、若虫群集在嫩叶和嫩茎上取食，造成嫩叶凹凸不平，不能正常伸展，并诱发煤烟病	一年发生 10～20 代，世代重叠。以卵态在树干上越冬。可在树上孤雌繁殖，无休眠现象。成虫性成熟胎生繁殖多代，至晚秋有性雌蚜与有性雄蚜交配，于 12 月开始产卵越冬。若虫成熟后在当天或隔天即能胎生幼蚜，一头无翅胎生雌蚜可产仔 60 多头，有性雌蚜交配后第二天开始产卵	①药剂防治：用 10% 吡虫啉 3 000 倍液或 50% 抗蚜威可湿性粉剂 2 000 倍液；②保护和利用天敌，橘蚜的天敌种类有瓢虫、草蛉、蚜茧蜂、食蚜蝇等，对控制橘蚜的危害起重要作用

续表

虫名	危害情况	生活习性	防治方法
桃蛀螟	桃蛀螟以幼虫蛀食枇杷果实。受害果实不能正常发育，而腐烂脱落，或果内充满虫粪，被虫害的果实不能食用和加工，没有商品价值。这对枇杷产量利品质影响很大	一年发生2代。在江西、福建、湖北一年发生5代，以老熟幼虫在果园杂草堆、落叶、树皮下越冬。翌年3～4月开始化蛹，世代重叠严重。4～5月成虫在果实上产卵，多数卵产在果实脐附近。初孵幼虫经短时间爬行，然后蛀入果内，并有大量虫粪排出孔外。幼虫有5龄，老熟幼虫通常在果核内结白色茧化蛹或在果枝上化蛹	①清除果园枯枝落叶，消灭越冬虫源；②果实进行套袋栽培，保护果实不受虫害；③用黑光灯或糖醋饵剂放置果园，诱杀成虫；④选用药剂防治：50%杀螟松乳剂1 000倍液，对各龄幼虫都有高效灭杀作用。50%敌敌畏1 500倍液、2.5%敌杀死乳油2 000倍液等有良好防治效果
豹纹木蠹蛾	又名咖啡木蠹蛾。幼虫危害1～2年生枝梢，从上方芽腋处蛀入枝条，沿木质部周围蛀食，形成坏死状食痕，然后每隔一定距离向外咬一排粪孔，造成被害枝梢枯萎	每年发生1～2代。老熟幼虫在枝干内越冬，次年3～4月钻出转入新枝危害。5月中旬化蛹，羽化。蠹蛾成虫有趋光性，卵产于新梢上或芽腋，每只雌蛾产卵300～500粒。初孵幼虫从嫩梢顶端芽腋处蛀入危害，被害枝梢枯死后，再转向邻枝蛀食	①及时剪除被害虫枝，集中烧毁；②用灯光诱杀或糖醋液诱杀成虫；③喷洒敌敌畏50～100倍液或用乐果乳剂50～100倍液注入虫孔，再用泥团外封，毒杀枝梢幼虫

续表

虫名	危害情况	生活习性	防治方法
刺蛾类	危害枇杷的刺蛾有扁刺蛾和黄刺蛾,危害果树枝干	在枇杷果树根部周围土中化蛹	幼虫期药剂防治,喷施20%杀灭菊酯5 000倍液
燕灰蝶	又称枇杷蕾蝶,枇杷小灰蝶。以幼虫危害枇杷花穗、花蕾、幼果。危害果面上形成许多小疤痕	一年发生3~4代,3~4月第一代幼虫开始危害枇杷幼果。一只幼虫可危害多个果实。通常夜出转果蛀食,被害果不易脱落,也不能食用。老熟幼虫在枇杷果干裂缝中化蛹。以蛹在树干裂缝中越冬	①结合疏花疏果摘除虫蕾、虫果; ②药剂防治:在幼虫蛀入前的幼果期选用90%敌百虫600~800倍液喷雾
舟形毛虫	又名苹掌舟蛾,枇杷舟蛾,俗称举尾虫。该虫食性杂,寄主为枇杷和苹、桃、梨、李、梅等多种果树,是一种暴食性害虫。幼龄虫群集叶背,咬食叶肉和表皮,残留叶呈半透明网状。后随幼虫长大,全叶被食仅留叶柄和主脉。大发生虫害时,全树叶片吃光,严重影响树势生长	一年发生3代。以蛹在树干附近土中越冬,翌年4~5月羽化,成虫产卵在叶背,有10~100粒密集成块,孵化后幼虫群集危害,幼虫老熟后沿树干向下爬取或吐丝坠落入土化蛹。幼虫在早、晚取食,白天静伏在果树叶上,头尾翘起似船形,故称"舟形毛虫"。幼虫受惊即吐丝下垂,成虫白天停息在隐蔽处,夜间活动,具有较强的趋光性	①结合秋季果园深翻,消灭土壤中的越冬蛹,成虫羽化时,利用成虫的趋光特性,在果园内设置黑光灯诱杀成虫 ②幼虫危害初期,在3龄前趋群集危害之际,人工摇振树震落幼虫到地上,将其杀灭 ③选择下列药杀:在虫情大发时,用50%敌畏乳油1 000倍液或90%敌百虫晶体1 000倍液或10%氯氰菊酯乳油2 000~3 000倍液防治

第九章 果实采收、贮藏、加工

近年来枇杷生产发展迅速,由于成熟期集中。收获后的果实如管理不善,会造成腐烂。因此,应适时采收,科学贮藏,精细加工,对保证品质,延长市场供应期,提高经济效益,都具有十分重要的意义。

一、采 收

果实采收是枇杷田间生产的最后一个环节,同时又是果实贮运前工作的开始。据国内外研究,枇杷果实全面着色后,酸度下降极慢,糖分基本不增加,而且逐渐下降。但在成熟前15~20天果实膨大最快,随之色泽变化,糖分增加,酸度下降。说明枇杷早采会降低果实品质,着色后迟采,对增进品质作用不大且不明显,反而会使风味下降,果肉变软,不耐贮运,并影响夏梢抽发和下年高产。因此,要掌握枇杷果实适时采收。

1. 枇杷适时采收期

枇杷果实适时采收,对鲜果产量和品质有着极其重要的影响。但枇杷果实成熟期不尽一致,与地区、品种、气候有着密切关系。如因树龄、树势、土质、地形等不同而出现先后成熟之分,在同一棵果树上的同一花穗,因开花时间不尽一致则成熟期也有早晚之别。在广东、福建等省,枇杷早熟品种是4月上旬成熟,中熟品种在

4月中旬成熟，晚熟品种于4月下旬成熟，5月上中旬采收结束。早钟6号、长红3号等品种，在广西南宁（明阳农场）3月下旬成熟。云南昆明市4月中旬枇杷采收上市。而在江西、浙江等省，成熟期相对晚1个月左右（采收期也推迟1个月）。枇杷果实的适宜采收期可以根据不同用途，分为硬熟和完熟两个采收时期。

（1）硬熟采收期：主要用于贮藏保鲜、外销远运、加工制品等。硬熟期枇杷果实重量已达到最大值，果皮全面着色，成熟度达8成，剥皮稍难，但可食用。此时采收有利于贮藏期间延迟呼吸高峰的到来和长途运输。

（2）完熟采收期：是以鲜食为主，不宜贮运。此时枇杷果实已完全着色，鲜果重基本上不再增加，果皮易剥离，果肉开始变软，色、香、味俱佳，即充分成熟，为鲜食果的最佳采收时期。

2. 采收工具的准备

果实在采收前要准备好所需的工具：双人梯（又叫人字梯，木制或钢管的均可）、剪果刀、竹篮、果钩（摘果时钩果枝用）、竹筐、竹篓、塑料筐、纸箱等，果实采收的最适时间应在温度较低的上午露水干后（7～10时）和下午（3～6时），或阴天进行。绝不能在露水未干或下雨天和高温烈日下采收，这时采收的果实不好贮藏保鲜。

3. 果实采收的方法

枇杷果实采收方法不能一次性全面采摘，必须分批进行，选黄留青，为了减少人为的机械损伤，摘果时依树冠自上而下，由外及里，轻剪轻放。手持果柄，不要用手触摸果面，避免擦掉果面绒毛，更不能碰伤果肉划破果皮。保留的果柄宜短（1～2 cm），果柄剪口要平整，以防装运时戳伤果实。采收果实时根据套袋与否，采收方法有别，未套袋果实按顺序，将病虫危害果、破伤果及等外果全部剔除。对套袋果，在采摘时连果袋一穗剪下，直接运到室内，然后揭开果袋分级包装，避免多次翻动，造成果实损伤。采收的果实放入筐内后，要摆置在荫凉处，防止暴晒引起日灼烂果。枇杷采果前果园不能灌水，以防使果实水分含量过高。

4. 果实分级与包装

枇杷果实采收后通过分级，达到商品标准化，便于包装、贮存、定价与销售。果实分级是在采果时进行，没有及时分级的应立即放到室内选果的通风阴凉处，在12小时内或第二天进行分级，剪去过长果蒂（只留1~2 cm），按国家对鲜食枇杷果实定级标准进行。

枇杷果实质量分级规格要求，必须品种纯正，果实新鲜，具有该品种成熟时固有的色泽、风味、质地，果梗完整青鲜，果面洁净无污染，果实肉脆皮薄，汁液丰富，没有青粒、僵粒、烂粒。国家规定新鲜枇杷果实的质量等级分为一等、二等、三等，共三个等级，果实大小等级规格，根据单果重量，分为特级（特级大果.2L）、一级（大果.L）、二级（中果.M）、三级（小果.S）四个等级，具体各项规格详见表9-1与表9-2。

表9-1 枇杷果实质量分等规格

项目	一等	二等	三等
果形	整齐端正丰满，具有该品种特征，大小均匀一致	尚正常，无影响外观畸形果，次于一等果	次于二等果
果面色泽	着色良好、鲜艳、无锈斑或锈斑面积不超过10%	着色好，锈斑面积不超过20%	
茸毛	基本完整	部分保留	
生理障碍	不得有萎蔫、日烧、裂果及其他生理障碍	允许绿色及褐色部分不超过100平方毫米，裂果允许1处，长度不超过5毫米，无其他严重生理障碍	

续表

项目	一等	二等	三等
病虫害	无	不得侵入果肉	次于二等果
损伤	无刺伤、划伤、压伤、擦伤等机械损伤	无刺伤、划伤、压伤,无严重擦伤等机械损伤	
肉色	具有该品质最佳肉色	基本具有该品种肉色	
可溶性固形物	白肉类:不低于11% 红肉类:不低于9%		
总酸量	白肉类:不高于0.6克/100毫升果汁 红肉类:不高于0.7克/100毫克果汁		
固酸比	白肉类:不低于20:1 红肉类:不低于16:1		

表9-2 枇杷果实大小分级规格

项别	品种	特级 (特大果2L)	一级 (大果L)	二级 (中果M)	三级 (小果S)
白肉类品种	软条白沙	≥30	25~30	20~25	16~20
	照种白沙	≥30	25~30	20~25	16~20
	白玉	≥35	30~35	25~30	20~25
	青种	≥35	30~35	25~30	20~25
	白梨	≥40	35~40	25~35	20~25
	乌躬白	≥45	35~45	25~35	20~25
红肉类品种	浙江大红袍	≥35	30~35	20~25	20~25
	夹脚	≥35	30~35	20~25	20~25
	洛阳青	≥40	35~40	25~35	20~25
	富阳种	≥40	35~40	25~35	20~25
	光荣种	≥40	35~40	25~35	20~25
	安徽大红袍	≥45	35~45	25~35	20~25

项别	品种	特级 (特大果 2L)	一级 (大果 L)	二级 (中果 M)	三级 (小果 S)
红肉类 品种	太城 4 号 长红 3 号 解放钟	≥50 ≥50 ≥70	40～50 40～50 60～70	30～40 30～40 40～50	25～30 25～30 30～40
可食部分	福建红肉品种 及其他品种	≥68% ≥66%	≥66% ≥64%	≥64% ≥62%	≥62% ≥60%

注：二等果，分两级，即 L 以上为大果，M 及 S 为小果，解放钟单果大于 80 克者为超大果(3L)，30～40 克为特小果(2S)。表中单位除百分比外，其余为克。以上二表参考了国家农业部委托华中农业大学章恢志教授等拟订的枇杷果实质量分等规格及分级规格。

枇杷果实包装是分级后的工作。过去枇杷果实包装常用竹篾编织的竹筐、竹篓之类简单容器。现在枇杷果实包装改用木箱、塑料箱或瓦楞纸箱。有普通包装和其他包装等方法。包装质量也有了改进和提高，使生产的优质高档次枇杷果实，能远销到大城市的高级水果大超市，延长货架寿命和市场供应期。枇杷果实普通包装法中，有内包装和外包装。内包装又叫子箱(盒)，是用果盒、果箱、果筐、果篓等，包装成 1～1.5 千克的子箱(盒)，逐个装入小果箱(盒)内排列好，衬以洁净的软质物，做到果实不会左右摇动，在果面上再铺一层塑料气囊或发泡塑料等软材料后，盖上小箱(盒)盖，然后在内包装箱外印刷或贴上符合规格的标签。外包装又称母箱，采用木箱、瓦楞纸和钙塑箱。外包装箱要求要牢固、坚实、耐用，机械强度能负压 200 千克而无明显变型和下塌。每只外包装箱(即母箱)，装入 6～10 个内包装箱、盒(即子箱)，封箱后用塑料胶带、双订捆缚。外包装箱外面要印上或贴上商标，注明产地、品种、等级、毛重、果实净重及包装日期。如经过专门机构认定，许可使用绿色食品标志要贴上，这种标志可以使消费者放心食用。要是属于需加工用的果实可用木箱、竹筐、竹篓或塑料筐装运,每筐约装入20千克。枇杷果实的其他包装方法,各地采用了不同的包装容器。福建等枇杷产地是采用子母箱包装外销,子箱为透明硬盒,母箱是瓦楞纸箱。果柄短于1厘米的用聚氯乙烯薄膜(或0.03毫米厚的PE薄膜袋)、包装纸进行单果包装,置于透明硬盒中,每盒果重1～2千克,一个母箱装入若干个透明硬盒,每个母箱内果实净重10～15千克为宜。包装的盒与箱都要印上商标。江苏、浙江等枇杷产地的内销枇杷即采用竹筐包装。装果时筐底部衬垫碎纸或树叶,将枇杷果实紧密排列在内,装至距筐口6～7厘米,上面铺上碎纸或树叶,封箱起运外销。每筐果重20千克左右。如长途外运要用木箱包装,木箱大小规格长45厘米,宽33厘米,高26厘米。我国台湾省台中县远销香港的枇杷果实,采用子母箱包装。子箱中按顺序装果1～2层,果实间填入塑料海绵或刨花填充物。每4～6个子箱,重叠装入母箱,外用塑料带捆缚好,在子、母箱上都印上或贴上商标。日本千页县外销的枇杷也采用子母箱包装。子箱是用氯化维尼纶盒(即称为玻璃箱),每盒按3×4排列次序装入12个果实,每个中盒装2个小盒,每一大箱内装6～8个中箱为一件。每个大、中、小箱(盒)上都要贴有或印有商标。

5. 采收后树体管理

枇杷果实采收后果树管理非常重要,如及时施用采果肥,补充果树所消耗的养分,尽快恢复树势,培养健壮夏梢,促进花芽分化,是为下年高产打基础的关键。

(1)重施采果后的肥料:要以速效肥为主,兼施迟效肥和长效肥,补充树体结果所耗去的营养,尽快恢复树势健壮生长,抽发夏芽,促进花芽分化良好。早、中熟品种采果后(晚熟品种在采果前)进行追肥。按密植园单株产鲜果15千克左右为例,每棵果树施尿素0.5～0.75千克,过磷酸钙0.5千克,腐熟农家有机肥(猪、牛粪)50千克,追肥结合灌一次透水。并进行叶面喷施根外追肥,适当增加氨基酸类或氮、磷、钾用量。

(2)抓紧进行全面修剪:果实采收后要宜早不宜迟地全面进行果树整枝修剪,使枇杷树能尽快得到更新复壮。通过整枝剪修达到枝梢分布有序,互不遮阳,通风透光条件改善,实现立体结果的高产目的。

(3)果园中耕松土除草:果实采收后遇上雨季,做好果园的清沟排水,防止积水造成果树烂根,雨后进行中耕松土,清除杂草,减少地面养分消耗,使土壤通气良好,促进根系吸收养分。

(4)做好病虫防治:果实采收后开始进入夏季高温高湿的环境,病虫害发生多,必须及时做好农业防治和药剂防治。此期间枇杷的主要病害有叶斑病、炭疽病、枝腐病等,应进行综合防治与药剂喷施相结合,用70%甲基托布津或代森锰锌可湿性粉剂800~1 000倍液,每次抽梢期喷2次,每隔2周一次。地面撒施石灰,果树主干涂刷石灰水,补充钙元素,防治根部病菌。此期间的主要虫害有若甲螨、木虱、蚜虫、桃蛀螟、黄毛虫等,选用乐斯本1 000倍液、阿克泰7 500倍液、敌杀死1 000倍液、三唑锡1 500倍液等杀虫剂。结合防病灭虫喷药兼喷叶面肥(如氨基酸类及氮磷钾),促进抽发壮实夏枝。

二、贮藏

为了延长枇杷鲜果的市场供应期,减少腐烂损失,必须做好果实采收后的贮藏保鲜。如应掌握采果以后的生理变化,贮藏时的呼吸作用,乙烯的形成、控制成熟,防腐处理以及保鲜的技术措施。

1. 果实采收后的生理变化

枇杷果实采摘后首先要掌握在室内的变化情况,然后才能保持果实较长的贮存期。

(1) 果实水分的变化:据分析枇杷果实肉中水分的含量约占总量的85%左右。刚从树上采摘时由于果肉含水量较高,组织膨压大,抗压的能力弱。因此,容易造成机械性损伤,遭受病菌侵染。随着贮藏时间延长,果皮水分不断散失,导致果肉水分再分配。但果实失水程度与贮藏环境的温度、湿度、通风透气以及贮藏的方式等因素有关。

(2) 营养成分的变化:果实在贮藏过程中,维生素C、总糖、蔗糖和可溶性固形物含量都在逐渐下降,其中总糖、蔗糖的分解速度较快。枇杷果实在呼吸时,主要以酸作为基质,由于酸急剧下降,导致糖酸比升高,果实风味变淡,造成酸甜不适,所以枇杷果实不宜长久贮藏。

(3) 果实硬度的变化:枇杷果实中含有较多的物质,主要以原果胶、果胶、果胶酸等形式存在。原果胶的降解和果肉的软化过程,在果实采摘前基本完成。原果胶在贮藏过程中,由于原果胶酸的参与下逐渐分解为果胶,果胶溶于水且黏性比原果胶差,通过贮藏的果实变软。果胶与果胶酶的作用下,进一步转化为无黏性且可溶于水的果胶酸,大大降低果实的硬度。因此,果实在贮藏过程中应掌握适宜的低温以降低酶的活性,延缓原果胶与果胶的降解速度,延长枇杷果实的贮藏时间。

(4) 果实颜色的变化:影响枇杷果实色泽和品质的主要物质,是果实中的多酚氧化酶(PPO)和过氧化物酶(POD),这两种酶可催化多酚类物质氧化而导致组织褐变和衰老。据研究表明,枇杷在贮藏过程中,多酚氧化酶和过氧化物酶的活性均呈上升趋势,从而导致了枇杷果实褐变和衰老。

2. 室内贮藏的呼吸作用

果实收获后在室内贮藏期间,继续进行着呼吸作用,其本质是在酶的参与下,进行一系列缓慢的生物化学氧化反应过程,果实中复杂的有机物分解成为简单产物,同时释放出能量,以维持生命活动。呼吸作用可分为有氧呼吸和无氧呼吸。有氧呼吸分三个阶段,即多糖类断裂为单糖;糖分氧化为丙酮酸;丙酮酸和其他有机物在有氧呼吸的情况下转化为二氧化碳和水,并释放出能量。在无氧呼吸过程中,呼吸基质不是被彻底氧化,而是产生各种分解不完全的中间产物,如酒精、乳酸等。在这种情况下果实为了维持正常生理代谢所需的能量,必须分解消耗更多的贮藏物质,从而加速枇杷果实的衰老和品质败坏,引起生理失调,出现一些生理病害。因此,枇杷果实在贮藏过程中应避免无氧呼吸。

衡量呼吸作用的指标主要是呼吸强度。通常以1千克果实在1小时内所放出的二氧化碳的毫克数来表示。呼吸强度越大,消耗有机质速度越快,果实的贮藏寿命越短,反之越耐贮存。呼吸强度的大小与品种、果实的成熟度、温度以及其他因素有关。枇杷果实成熟度越高,呼吸程度越大;温度越高呼吸越大;果实表面的机械损伤也会造成呼吸强度加大。由此,在进行枇杷果实贮藏保鲜时,应严格控制果实的成熟度,减少果实的机械破伤,采取适宜的低温贮藏环境,果实采摘后要进行预贮散热(散去刚摘下果实所带田间的太阳辐射热),尽量降低呼吸强度,延长贮藏时间。据测定,枇杷果实在常温下贮藏过程中的呼吸强度有两次高峰。第一次高峰是采收后的15天,然后慢慢下降;第二次高峰是采收后的28天前后开始上升,强度比第一次更强,接着迅速下降。在呼吸高峰到来之前,枇杷果实内会产生一种浓度很低,但活性很大的物质——乙烯。它会导致呼吸高峰的到来,加速果实的成熟与衰老。所以在果实贮藏过程中,应注意控制乙烯的含量。

3. 果实贮藏产生的乙烯

枇杷果实在贮藏过程中会产生乙烯,其前体为L-蛋氨酸。

L-蛋氨酸转变为乙烯,将伴随着呼吸高峰的到来。果实在成熟与衰老的过程中,乙烯起着催化的作用。呼吸会增强乙烯的浓度上升,枇杷果实的衰老亦加快,贮藏时间就缩短。激动素、生长素以及赤霉素等激素会抑制乙烯的产生,由此在枇杷果实贮藏过程中经常应用激素来延缓果实的衰老,延长贮藏寿命,而脱落酸则会促进乙烯的产生,果实贮藏期乙烯产生是不可避免的,为了延缓果实的衰老,应及时脱除果实所产生的乙烯,使用饱吸高锰酸钾饱和液的蛭石或溴化活性炭,能够达到脱除和吸附乙烯的效果。

4. 控制果实成熟的方法

在贮藏过程中控制枇杷果实成熟与衰老,主要是控制温度、湿度、气体、乙烯和果实预贮来实现。

(1)温度控制:温度对果实贮藏保鲜起着关键的作用。在一定范围内,温度越高,呼吸强度越大,所消耗的营养物质越多,就越不耐贮保鲜,果实在贮藏期选择适宜的低温,不仅可降低呼吸强度延缓果实衰老,而且还可抑制乙烯的生理活性,减少果实的失水,抑制微生物的繁殖侵染。枇杷果实在长期贮藏的过程中,温度最好选择 4~8℃为宜,若温度过低则易造成果实冻害,导致果肉褐变,影响品质。

(2)湿度控制:湿度的高低会影响果实贮藏保鲜质量。如果相对湿度过高,极易引起病菌繁殖与侵染,造成枇杷果实腐烂;相对湿度过低,枇杷果实失水加快,果实皱缩,影响贮藏时间和品质。枇杷果实贮藏保鲜期间的相对湿度控制在 85%~90%,为了维持这样的湿度,通常采用新鲜的马尾松针垫在箱内,或采取使用 0.01 毫米的聚乙烯薄膜铺底或用这种薄膜进行单果包保湿。

(3)气体调节:氧气和二氧化碳浓度不仅影响着果实的呼吸作用,同时还影响乙烯的产生、微生物的繁殖和叶绿素的降解速度。为了降低枇杷果实在贮藏过程中的呼吸强度,延缓呼吸高峰的到来,抑制病原菌的繁殖和乙烯的生理活性,通常采用适宜的低氧呼吸,加快有机物质的消耗,防止在果实内形成乙醛、酒精等有毒物质和出现一些生理性病害,目前较为先进的贮藏方法是采用气调贮藏果实,浓度掌握为3%的氧气、3%的二氧化碳以及94%的氮气。由于气调贮藏的成本很高,难以普及。谢晶等对枇杷低温气调贮藏条件进行了研究,认为枇杷最适贮藏温度6℃;贮藏的气体环境以气控包装(CAP)保鲜效果最好。以充气气调包装(MAP)最值得推广。枇杷最佳的充气气调包装条件为:氧气8%、二氧化碳6%、氮气为84%。包装方式以单个软性吸水纸包装最好,贮藏在6℃低温环境,60天仍能保持果实良好的外观和内在品质。还可采取抽去袋内空气后密封袋口(即快速降氧法),结合低温贮藏,效果很好,贮藏时间达60天,果实硬度高,颜色佳,好果率达95%左右。

(4)脱除乙烯:果实在贮藏过程中能产生乙烯,并起到催化果熟作用,从而影响果实的贮藏时间。因此,必须及时脱除。即可采用饱吸4克高锰酸钾饱和液蛭石,经烘干后装入带有小孔的小薄膜袋中,吸收贮藏中果实产生的乙烯。

(5)果实预贮:从树上采摘下来的果实带有田间热(即太阳辐射热),含水量高,必须经过预贮发汗后,散去田间热,降低果实含水量,提高抗病力和耐贮性。枇杷果实预贮的自然温度应掌握在25℃左右,空气相对湿度控制70%,预热时间1~2天。如果实在采收时果园土壤含水量高,要适当增加预贮时间。

5. 贮藏之前的防腐处理

枇杷果实采收后,需要贮藏保鲜和外销远运,可选用以下保鲜剂,进行杀菌处理。

(1)0.5%~1%的抑蒸保湿剂(OED)液,浸果1~2分钟。

(2)1%氯化钙液,浸果2分钟。将果实在0.5%的氯化钙溶液中浸 30 分钟,捞出晾干后用 2 层塑料薄膜袋包装,每袋果重 1 千克封口,置于 5℃下贮藏 25 天后,腐烂指数仅为 3.6%,且对 POD、SOD 活性具有明显影响(章泳等 1995)。

(3)甲基托布津 500 毫克/升溶液,浸果时间 2～3 分钟。

(4)0.1%多菌灵液浸果 2～3 分钟,或用 0.1%多菌灵＋0.02% 2,4-D 混合药液浸 2 分钟捞出晾干,装入底部垫有碎纸的箱(篓)中,每箱装果重 15～20 千克。

(5)1%硬脂酸钙或 1%硬脂酸。二者均有灭菌作用。

(6)0.1%施保功＋0.1%百可得溶液,浸果 2 分钟。据何志刚等(1997 年)用 1 000 毫克/升施保功＋200 毫克/升百可得溶液洗果,结合乙烯吸收剂(于 1%高锰酸钾溶液中浸渍 6 小时后的活性炭)处理,套上 PE 保鲜膜,低温(3～5℃)贮藏具有良好的防腐效果。66 天腐烂指数仅为 3%。

(7)500 毫克/升苯莱特浸果 30 秒,能有效防止腐烂果发生,在常温下贮藏 28 天,果实未出现皱果或变色。

(8)97%的焦亚硫酸钾处理。焦亚硫酸钾遇到酸性水气易分解成二氧化硫气体,具有漂白杀菌作用。

(9)1%二氧化硫(体积比)用树上采摘的果实熏蒸 20 分钟或仲丁胺 0.1%毫克/kg,熏蒸均可大大减少果实腐烂。

(10)抗氧化剂浸果,0.1%抗坏血酸＋0.1%柠檬酸、2%亚硫酸钠＋3%柠檬酸、0.2%茶多醛或 0.05%植酸浸果 4～10 分钟,对防止枇杷果实褐变和氧化变质有一定的作用(林文奎等,2001)。据资料(李哲)介绍,法国、日本、印度等国,用苯莱特、苯酚钠、氯硝氨、涕必灵和抑霉力等防腐保鲜剂,处理过的枇杷在 33.4℃温度下能保存 1 个月。其中苯莱特 600 ppm 溶液浸果 30 秒钟,防止枇杷贮藏期腐烂效果最好。

6. 果实贮藏的保鲜措施

枇杷果实贮藏保鲜方法有简易场所和设施贮藏等两种。所谓的简易场所是指利用农村现有的条件；设施贮藏是根据果实的要求建立的贮藏库。

(1)简易场所：果实采收后利用山洞、防空洞、地窖及其他民间现有的简易场所对枇杷果实进行贮藏保鲜，既具有冬暖夏凉(夏季温度相对低和相对稳定)的优点，又有方法简单，操作方便，费用低廉的特点。因为只需要注意控制温度、湿度就行。是最适合当前农村家庭短期枇杷果实的贮藏保鲜。这些简易场所分别有：

①山洞贮藏：选择北向山坡，地势较高的阴凉干爽处，挖洞、挖窖或利用原有的防空洞。如挖地洞(或挖地窖)的规格：长5米，宽2米，高(或地窖深)2.5米(如果是山洞应设洞门、进气孔、排气孔)。山洞挖成后清扫内腔，将贮藏使需用的工具洗净晾干。山洞内腔在贮藏前用硫磺粉(20克/每立方米)燃烧熏蒸消毒。24小时后打开洞门、排气孔和通气孔。把所有要用的工具(容器)用40%福尔马林熏蒸杀菌。然后将经过防腐灭菌处理的枇杷果实装入贮藏容器内，外面套上打孔塑料薄膜袋，放进洞(窖)内，以"品"字形堆码。码垛高度4～5层，垛与垛、垛与墙之间，以及四周墙壁和顶部都应有空隙。洞(窖)内温、湿度分别控制在20℃以下和80%～90%的相对湿度，贮藏期可达25～30天。地窖、防空洞的贮藏操作程序基本与山洞相同。

②室内贮藏：枇杷采收后将无破伤、无病虫危害、不带果梗的果实，轻轻放置在室内的木板(地板、楼板)上铺摊着，可以贮藏20天左右，果实腐烂率0.5%，失水率14%～26%。

③松针贮藏：用新鲜松针铺在地面上(或水泥地面上)，将果实轻轻摆放在松针上，果上再铺一层松针。松针对贮藏枇杷果实，能起到保湿和催熟作用。可用于20天左右的短期贮藏，腐烂率

2%,失水率11%～18%。

④竹篮贮藏:果实装入竹篮里,每个竹篮装果5～7千克,将竹篮挂在室内通风阴凉处。保鲜期20天左右,腐烂率1.5%～2.5%,失水率12%～21%。

⑤罐装贮藏:罐底先铺一层新鲜松针,然后放入枇杷果实(放在罐内的松针上)在罐口上盖一层松针或稻草,将贮藏罐摆放在室内阴凉通风处,保鲜期15天左右,腐烂率10%。

⑥袋装贮藏:果实装入食品塑料薄膜袋内每袋装果1.5千克,把装有果实的果袋摆放在铺有5厘米厚的锯木屑或碎稻草的竹筐里。每筐排放一层果袋,筐上盖纸板,装有果袋的竹筐放到室内阴凉通风处。保鲜期20天左右,腐烂率2.8%～4.8%,失水率1.1%～1.5%。

⑦坛缸贮藏:先在坛、缸内铺上稻草垫底(可以通气、吸水,指果实因发汗产生的滴水),把果实放入坛、缸里的稻草上,装满果实后在坛缸口上覆盖竹帘透气。保鲜期15～20天,腐烂率3.6%～5.2%,失水率2.1%～2.6%。

⑧包果贮藏:即用塑料薄膜单果包装贮藏保鲜。方法简单易行,有气调保湿和防止病菌侵染的作用。采用0.03毫米厚PE薄膜袋,枇杷单果包装后放在果箱中,每箱装10～15千克重果实为宜,在常温下贮藏20天左右。

⑨降氧贮藏:是在塑料薄膜袋中放入4克饱吸高锰酸钾饱和液蛭石,用作脱除果实所产生的乙烯。具体操作用0.03毫米厚PE薄膜袋,每袋装1千克重果实,抽去袋中空气后迅速封好袋口,然后放入果箱,每箱放10～15袋,在0～10℃范围的低温下可贮藏30天以上。好果率高达99%～100%,基本无烂果,而且有效地保持果实原有的色泽、硬度、风味和品质。

(2)设施保鲜:枇杷果实采用设施保鲜贮藏,是根据果品生物学特性的要求,专门建设如通风贮藏库、机械冷藏库和气体调节贮藏库等,适宜枇杷果实保鲜条件的设施。

①通风贮藏库建设:这种贮藏库是利用库内外温度的差异和昼夜温度的变化,以通风换气的方式,保持库内比较稳定和适宜果实贮藏的温度。这种设施贮藏与简易贮藏场所相比,环境条件较好。但仍然要依靠自然温度来调节库内的温度。特别在气温过高的盛夏季节,比较难以维持理想的条件。

通风贮藏库应选择建在地势较高,通风良好的地方,在我国南方的贮藏库坐向应以东西长为宜,可减轻阳光照射,特别西晒对枇杷果实贮藏的影响大。贮藏库的四周墙壁和库顶,应具有良好的隔热效能,以隔绝库外过高温度的侵入,保持库内稳定而适宜为温度,隔热材料的隔热能力,用导热系数与隔热阻表示(表9-3)。

表9-3 各种材料隔热性能

材料名称	导热系数	热阻	材料名称	导热系数	热阻
聚氨酯泡沫塑料	0.020	50.0	锯末	0.090	11.1
聚苯乙烯泡沫塑料	0.035	28.5	炉渣	0.180	5.6
聚氯丙烯泡沫塑料	0.037	27.0	木材	0.18	5.60
膨胀珍珠岩	0.030～0.040	33.3～25.0	砖	0.65	1.50
加气混凝土	0.080～1.120	12.5～8.3	玻璃	0.68	1.50
泡沫混凝土	0.140～0.160	7.1～6.2	干土	0.25	4.00
软木板	0.050	20.0	湿土	3.00	0.33
油毛毡	0.050	20.0	干沙	0.75	1.30
芦苇	0.050	20.0	湿沙	7.50	0.13
刨花	0.050	20.0	水	0.50	2.00

续表

材料名称	导热系数	热阻	材料名称	导热系数	热阻
铝瓦楞板	0.058	23.0	冰	2.00	0.50
秸草秆	0.060	16.7	雪	0.40	2.50

摘自金光等著《榛优质高效栽培技术》(中国农业出版社,2001)

导热系数愈小或热阻愈大,则隔热性能愈强。聚氨酯泡沫塑料、油毛毡、玻璃纤维等材料隔热性能好,但价格高。因此,在建造通风库时,常就地取材用锯木屑、稻谷壳、炉渣等。这些材料一经吸收水就易腐烂,大大降低其隔热能力,应特别注意防水,通风库的门窗以泡沫塑料填充隔热效果较好。

通风系统的设置:果品在贮藏过程中所放出的大量二氧化碳、热和乙烯、醇类等,都要靠良好的通风设备来排除。而要使库内冷却并维持适宜的低温,也主要通过通风设备进行通风换氧来实现。通风面积的大小与库内空气对流的速度和流量有直接的关系,一般来说,贮藏容量在500吨以下的贮藏库,每50吨产品的通风面积不应小于0.5平方米。通风系统有各种不同的形式,但均应有进气和出气的设备,以加速空气的对流。

进气设备:在库房基部设进气窗或导气筒,安装在北面和风流畅通的方位上。最好是通过地下道进气,因为地下道的温度比较稳定,进气时不能引起库内温度发生剧烈变化。但地道的建筑费用较高,而且只有地面库才方便修筑。半地下式库则多用屋檐窗或墙壁进气筒来导入空气。出气设备应设立在库顶并伸出1米以上,出气筒愈高排气愈迅速,排气量也大;出气设备愈多,排气效果也愈好,应根据库容大小来设置,每隔5~6米设一个口径为25厘米×25厘米或35厘米×35厘米的出气筒。

通气贮藏的管理:主要是进行温度、湿度的调节工作,利用库内外的温、湿度差来掌握通风透气的具体时间。应尽可能地利用下半夜温度低的特点进行换气,使库内维持较低的温度;还可利用露天、雨天换气,提高库内的湿度。此外是做好防鼠灭蟑螂等工作。

②机械冷藏库建设:冷藏库是在良好隔热效能的库房中装置冷冻机械设备,控制库内温度、湿度和通风换气,适用于枇杷果实中长期贮藏保鲜。机械制冷的原理是利用汽化温度很低的液态制冷剂的蒸发(汽化)而吸收周围环境中的热量,从而使库温迅速下降。冷冻机械以压缩式冷冻机为多,主要由蒸发器、压缩机、冷凝液化器和调节阀(膨胀阀)四部分组成。机械冷藏库的管理,重点是调节控制库内的温度、湿度和通风换气。枇杷果实的冷藏温度控制在 4～6℃,空气相对湿度 85%～90%。通风换气应选择在气温较低的早晨进行,在通风换气的同时开动冷冻机械以减缓温、湿度的升高。

③气体调节贮藏库建设:通过气体调节抑制枇杷果实的呼吸作用和延缓果实变软、变褐,延长贮藏时间。气体调节库由制冷系统和空气循环系统组成,具有很好的气密性。气体调节目前采用人工快速降氧和脱除二氧化碳,降氧是利用催化燃烧降氧机来完成的。降氧机可使库内的气体流过反应室,与丙烷或石油气混合,在催化剂作用下燃烧,消耗氧气而产生二氧化碳,经水冷却后送回气调库内。当燃烧生成的二氧化碳和枇杷果实呼吸作用产生的二氧化碳的浓度超过气调贮藏的要求时,再由二氧化碳脱除机吸附罐中的活性炭吸附,然后再送回气调库中。气体调节库的管理,通过控制操作室检测库内温度、湿度、氧气以及二氧化碳含量,现代化的气调库配置有电脑自动控制系统,进行自动调节。

三、加工

过去枇杷是以鲜食为主的水果,近年来由于栽植面积不断扩大,鲜果产量大大增加。因此,除大部分鲜果直接销售外,再通过加工成食品产品,既可缓解市场销售鲜果压力,又能提高经济效益(增加附加值)。现就介绍几种产品的加工方法。

1. 枇杷糖水罐头

(1)工艺流程　原料选择→摘柄→清洗→热烫→冷却→去核·剥皮→护色→漂洗→挑选分级→空罐消毒→配制汁液→装罐→灌汁→加热排汽→封罐→杀菌→冷却→擦罐→入库·保温→检验·贴标·包装·贮存。

(2)制作要点

1)选料。枇杷果实制罐应选择新鲜,成熟度8成以上做原料,果核小,果型大,形态完整的黄肉品种(枇杷罐头的良种有大城4号、长红3号等),剔除机械损伤严重和病虫危害的果粒。

2)摘柄。用手扭转摘除果柄,防止刺破果肉,划开果皮。

3)清洗。先用1%的食盐溶液清洗果实后,再用清水冲洗干净。

4)热烫。按果粒大小,成熟度高低,分批在85～90℃的热水中热烫5～15秒钟,至果皮能剥下为宜。

5)冷却。果实热烫后,快速用冷水冷却至常温。

6)去粒·剥皮。用孔径13～15毫米的打孔器,在果实顶部打孔,再用孔径7～9毫米打孔器在果蒂部打孔,使果核从顶部孔口排出,然后剥去果面表皮。在这一操作过程中要尽量避免伤及果肉。

7)护色。将去核、剥皮后的果肉浸入50毫克/千克亚硫酸氢钠溶液中,或浸入1%食盐水溶液中护色(护色液有多种,如0.005%焦亚硫酸钠水溶液,1%～2%食盐水溶液,0.1%柠檬酸水溶液等),使用焦亚硫酸钠水溶液护色,会使罐头成品含存有硫味,护色时注意漂洗干净;盐水溶液护色比较安全可靠,用柠檬酸水溶液护色效果比较好。在进行护色时果肉一定要浸没于护色水溶液中,不能使果肉露在护色水溶液外面,避免果肉变色。

8)漂洗。果肉护色后沥干护色液,放到流动清水中漂洗数次沥干水分。

9)挑选分级。要挑选果肉色泽黄或橙黄,形态完整,洞口整齐,无严重机械损伤的果实。按果实大、中、小分级,果肉颜色深浅分开,要使果粒在罐中的大小、色泽一致。

10)空罐消毒。先用热水烫罐,然后用清水洗涮(要求活水冲洗),保证空罐清洁卫生。

11)配制汁液。先配成24%～28%的糖水溶液,然后在糖水溶液中添加0.05%～0.1%的柠檬酸提高酸度,再添加0.01%～0.02%的抗坏血酸起到护色作用,另外加入0.6%的氯化钙提高果肉硬度。

12)装罐。按不同罐型称取果肉(每罐均为250克)装入经过清洗消毒的玻璃罐中。

13)灌汁。灌汗时应保证糖水汁液的温度不低于75℃。灌量略低于罐口,以淹没果粒为止。要求留顶隙6～8毫米,使产品具有3.2～4.7毫米的顶隙。

14)加热排汽。装罐后立即送入100℃排汽箱中进行加热排汽10分钟,待罐中温度升到70℃以上,即可取出。加热排汽的方法有多种,如加热排汽、真空排汽、蒸汽排汽等。加热排汽是用排汽箱进行加热,要求排汽箱的温度为100℃,罐头中心温度为70℃以上,排汽时间为10分钟。真空排汽是以45.32～53.32千帕为度。蒸汽排汽是在蒸汽喷射封罐中进行。枇杷罐头生产中常采用前两种排汽方法。

15)封罐。趁热在封罐机上封罐,要求不能漏气。

16)灭菌。封罐后进行灭菌,5～15分钟(100℃)。

17)冷却。灭菌后立即进行分段冷却,防止玻璃罐破裂,在37℃保温7天。

18)擦罐。罐头灭菌冷却后,用软布将玻璃罐外的水分擦干净。

19)入库·保温。观察罐头在保温期间是否产生胖听或漏听,以减少装箱后造成更多的损失。糖水罐头的保温库温度和保温时间:库温20℃,保温7天,库温25℃,保温5天。

20)检验·贴标·包装·贮存。经检验拣出不合格的产品,对合格产品进行贴标签,包装处理。即在常温下贮存5天后,敲罐检验,这是仓库管理工作的开始,产品合格,可贴上商标装箱,每箱20~24听。

(3)质量要求

质量要求如下:

①果肉为黄色或橙黄色,同一批产品果粒大小和色泽应是一致,无斑点,肉质软硬适中。②每罐内的果粒数为8~22个。其中大果为8~12个,中果为13~17个,小果18~22个。③外销产品果肉净重不低于40%,内销产品不低于38%,开罐糖度为14%~18%(开罐时按折光计测定)。④糖水透明,允许有少量不引起混浊的果肉屑存在,具有本品应有的风味而无异味。⑤每罐中有裂口的果实不超过3个,无扁平摊开,每批产品的罐内果实个数之差不超过4个。

2. 枇杷饮料

(1)工艺流程

原料选择→清洗→去皮·护色→破碎→取汁→溶糖→配料→磨细→预热·均质→空罐消毒→灌装·封口→杀菌·冷却·保温·贮存→检验成品

(2)制作要点

1)选料:果实成熟度9成以上,不宜上市鲜销。小果、畸形果及制罐中的下脚料等必须剔除,要求无烂果和病虫危害果。

2) 清洗:用1%食盐水溶液或0.1%高锰酸钾水溶液洗涤,然后清水漂洗。

3) 去皮·护色·破碎·榨汁·过滤·取汁。果实洗净后去皮除蒂,切瓣,脱核,浸入护色液中,浸泡护色。完成护色的果瓣放入家用小形榨汁机中捣碎约5分钟。浆汁用200目尼龙网过滤。

4) 溶糖。将白砂糖在85℃的热水中溶化成50%的糖浆,200目尼龙网过滤,冷却到20℃以下备用。

5) 配料。加白糖提高枇杷汁的糖度,使糖度不低于17%。用柠檬酸把酸度调至0.5%,添加0.02%的抗坏血酸,可起到枇杷汁变色作用。

6) 磨细。将配好了的料在胶体磨上磨细。

7) 预热·均质。配料经过磨细成料液,加热到75℃,在压力20~25兆帕下均质。

8) 空罐消毒。先洗净玻璃瓶,然后将洗净的玻璃瓶放入沸水中煮5~10分钟,瓶盖洗净后,在沸水中消毒5分钟。

9) 灌瓶·封口。制料灌装时应保证汁温不低于85℃。温度不足的汁液,要在夹层锅中迅速加热至85℃。在趁热装瓶后迅速密封瓶口。

10) 灭菌·冷却·保温·贮存。抢热灌装密封瓶口后,在100℃的高温中进行第二次灭菌,时间20分钟,可达到商业无菌要求。然后分段冷却至38℃左右入库,保温贮存。

11) 检验成品。

(3) 质量要求

枇杷果汁成品色泽橙黄色,具有枇杷饮料应有的风味而无异味,浓度适中,汁液混浊均匀。枇杷果汁成品酸甜适口,原果质含量不低于45%,可溶性固形物含量为17%~20%。

3. 枇杷酱

(1)工艺流程

原料选择→清洗→配料→预煮→绞碎→浓缩→装罐·封口→灭菌→冷却。

(2)制作要点

①选料:选果实成熟度较高,红肉品种。剔除烂果、病果、虫害果及严重机械损伤果。

②清洗:果实的果柄全部摘除后,用1%盐水溶液或0.1%高锰酸钾水溶液洗涤,然后再用清水漂洗,放到90℃热水中烫1~2分钟,取出趁热用手工剥皮去核。用孔径0.7~1毫米的打浆机打1~2遍成浆。

③配料。果肉60千克,琼脂110克,柠檬酸150克。

④预煮。将果肉和柠檬酸同时放入夹层锅中,加水使果肉淹没,预煮40分钟左右,直至果肉软烂为止。

⑤绞碎。先用孔径10~12毫米的筛筒绞碎1次,再打浆1次。

⑥浓缩。A.配糖液。将白砂糖配成浓度为75%,加热溶解用纱布过滤备用;B.配琼脂液:清水洗净琼脂,再加20倍水煮沸,使琼脂溶解过滤备用;C.浓缩:将果肉倒入夹层锅中,用245.17~294.2千帕的蒸汽压加热浓缩。煮沸后,净糖液分3次加入,不断搅拌至浆液呈金黄色,温度达到105℃时加入琼脂。在浓缩过程中注意搅动,浓缩时会产生大量泡沫,为防止汁液外溢,可洒入少量冷水,以利蒸发。浓缩时间要控制好,一般在25~50分钟为宜,过长会影响果浆的色、香、味和凝胶力;过短易引起转化糖不足而在贮藏期间产生蔗糖结晶现象。浓缩的终点为果酱的可溶性固形物含量达57%~58%或65%~67%(许秀忠)时即可出锅。

⑦装罐·封口。果酱出锅后必须迅速装罐。按不同罐型称

重,趁热将果酱装入消过毒的空罐中,罐内中心温度在80℃以上封口。

⑧灭菌。趁热在100℃沸水中灭菌20分钟。

⑨冷却。冷却分段进行,即80℃、60℃、40℃三个段。果酱冷却速度不可过快,以防玻璃罐破碎。冷却后请用清洁湿布彻底擦干净罐体沾上的果酱,以免贮藏后罐口发霉。

(3)质量要求

①果酱色泽呈金黄色或浅棕黄色半透明,应具有枇杷酱应有的良好风味,无焦糊味及其他异味。

②酱体胶黏,无汁液分离,无糖结晶,稍有韧性。

③可溶性固形物含量不低于65%,总糖量不低于(即转化糖)57%。

4. 枇杷酒

枇杷果实可以加工成精制酒和配制酒两种。还可用枇杷果实蒸馏成食用酒精。

(1)工艺流程

原料选择→原料处理→前发酵→榨酒→后发酵→配制枇杷酒→装瓶·灭菌→贮藏。

①原料选择:选用充分成熟的新鲜枇杷果实为制酒原料。要求没有病虫危害果和机械损伤的腐烂果。

②原料处理:果实进行清洗、去核、剥皮后,加入与果实同等重量的清洁水,烧煮至100℃,将果实在沸水中预煮10分钟,连同汁液进行破碎打成浆。

③前发酵:按果浆重量加入6%~8.5%的白砂糖和5%的酵母液混合。如果糖不够,可适当添加砂糖,加入多少砂糖量,应根据所需酒度而定。进行保温发酵的温度控制在22~25℃,发酵时间为5~6天左右(或7~10天左右)。

④榨酒：果汁浆在前发酵以后，残糖降至1％时压榨，用板框压滤机进行压滤，使汁液充分榨出来，除去果渣。

⑤后发酵：将前发酵榨取的汁液送入发酵罐中进行后发酵，时间为15～30天左右。温度为20℃。如前发酵时没有加糖，可在后发酵之前加入适量砂糖。后发酵结束后进行分离。

⑥配制枇杷酒：在榨取的枇杷汁液中加入90％以上的食用酒精配制。其比为：酒精1份，枇杷汁45份的比例配制后存放澄清。用虹吸管吸取上层清液，而下层混浊液用棉布过滤后合并澄清汁液。调整酒度：用95％以上的食用酒精，将后发酵得到的汁液的酒度调至16～18度。

⑦装瓶·灭菌：玻璃瓶与瓶盖经沸水消毒后才能使用。果酒在装瓶前进行一次糖滤，并测定果酒的质量，装瓶后加盖密封瓶口。然后在70℃左右的热水中加热灭菌20分钟取出冷却。

⑧果酒入库贮藏。

(2)质量要求

枇杷酒色泽呈橙红色或橙黄色，清亮透明，没有沉淀物，应具有枇杷果酒良好的特有风味。酒精度8％～10％。

5. 枇杷果脯

(1)工艺流程

原料选择→清洗→切分·去核→护色→烫漂→硬化→漂洗→减压·渗胶→真空渗糖→烘干→冷却→包装→成品。

(2)制作要点

1)选料：选新鲜饱满、果色橙黄，果实成熟度八九成，没有腐烂果和机械损伤果。果粒大小一致，直径为1.5～2厘米。

2)清洗：清水洗净果皮污物，剔除破碎、变色的不合格果实。

3)切分·去核：用不锈钢刀将果实竖切成两半，去除果核、花萼和果实内的附囊衣。

4)护色：将去核的枇杷果片，迅速放入 0.2% 柠檬酸和 0.3% 硫酸氢钠混合溶液中，浸泡 1 小时进行护色处理。

5)烫漂：经过护色处理的枇杷果片，在沸水中漂烫 3~5 分钟，捞出迅速放入清水中冷却。

6)硬化：用 0.5% 氯化钙 + 0.5% 食盐水溶液的混合液硬化 12~15 个小时。

7)漂洗：用流动活水漂洗硬化后的枇杷果片 15 分钟左右，洗净果面沾上的硬化液。

8)减压·渗胶：将洗净过的果片沥干后，置于真空渗糖机内，加入 0.3% 的海藻酸钠与 10% 的变性淀粉混合液，在 0.8 兆帕和 50℃ 温度的条件下渗胶 2 小时。

9)真空渗糖：先配制 40% 白糖与淀粉糖浆混合液，然后根据真空渗糖原理，抽气后将溶液喷入果片，在 0.08 兆帕和 70℃ 温度条件下渗糖 1 小时，至果片渗糖后形态饱满，成半透明状，进气破除真空度，再糖渍 2~3 小时。

10)烘干：取出果片，沥干糖液，送入烘箱，采用变温干燥工艺进行烘干。先在 50~55℃ 条件下烘烤 2 小时，然后升温至 60~65℃ 的条件下烘烤 4~5 小时，最后降至 50℃ 温度条件下烘烤 2~3 小时，烘至果片表面不黏手，并稍带弹性为止。在烘烤过程中注意翻动片，使果片受热均匀，防止焦化。

11)包装·冷却：制好的枇杷果脯，经冷却后按色泽、大小进行分级，剔除不合格产品，然后用聚乙烯薄膜，进行真空包装。

12)成品入库贮存。

(3)质量要求

果脯成品颜色呈橙黄色或橙红色，有光泽，大小均匀，半圆球形，肉质柔软而富有弹性，没有碎片，没有杂质，在规定的存放条件下不返砂，不流糖；滋味具有枇杷果脯的特殊香味，酸甜适口，没有异味。总扩 ≤ 50%；水分 15%~25%；二氧化硫 ≤ 0.05 克/千克。

大肠菌群≤30 cfu/100克;细菌总数≤750 cfu/克,不得检出致病菌。

6. 枇杷果胶

(1)工艺流程

原料选择→抽提→浓缩→制果胶液制枇杷果胶粉→低甲氧基果胶的制取。

(2)制作要点

①选料:选择新鲜而不过分成熟的枇杷果实,除去腐烂果、种核和杂物,留下果皮、果肉以及内膜等,用绞碎机绞碎。

②抽提:枇杷果实制取果胶的抽提方法有多种,如稀酸提取法、酶法水解提取法、草酸铵提取法。稀酸包括稀盐酸、稀硫酸、柠檬酸等。果胶的抽提包括原果胶的水解和果胶的溶出两过程。应严格控制整个过程的温度、酸度和时间。酸度高,抽提的时间短,所需的温度也低;酸度低时,所需的时间较长温度较高,有的需多次抽提才能将果胶提净。抽提时将原料倒入抽提锅,加水4倍,然后加入亚硫酸,使其pH值达到1.8~2.7。通入蒸汽,边搅拌边加热到95℃,维持45~60分钟,即可抽提出大部分果胶。抽提食用液体果胶,最好用柠檬酸,温度控制在60~100℃,时间为30分钟到数小时。如果用0.25%的草酸铵液提取,需要温度90℃,抽提时间要24小时。

抽提液的处理过程:

过滤:将抽提的物料通过压滤机过滤,用7 000转/分,高速离心机分离杂质。

冷却:冷却到50℃左右。

加淀粉酶:用量为物料的1%~2%,促使抽提液中的淀粉水解为糖。

杀酶:在酶作用终了时,须立即加热到77℃,以破坏酶的活力。

果胶脱色:加入0.3%～0.5%的活性炭,在55～60℃条件下搅动20～30分钟,使果胶脱色。

过滤:再加入1%～1.5%的硅藻土,搅匀后用压滤机滤清抽提液。此外还有直接用酒精沉淀法、铝盐沉淀法、渗析法、离子交换法等方法,从果胶抽提液中分离获取果胶。

③浓缩:一般采用真空浓缩,将滤清的果胶液送入真空浓缩锅中,保持真空度88.93千帕以下,沸点为45～50℃,浓缩至总固形物达到7%～8%,即得到枇杷果胶浓缩液。

④制果胶液:将浓缩后的果胶溶液加热至70℃后装入消过毒的玻璃瓶中,加盖密封,再放入70℃热水中杀菌30分钟。冷却后送入5℃左右的冷库冷藏。或将果胶装入木桶中,加0.2%焦亚硫酸钠搅匀,密封冷藏。

⑤制枇杷果胶粉:枇杷果胶浓缩液进一步脱除水分即可获得果胶粉。具体的制取方法有喷雾干燥法和酒精沉淀法。

喷雾干燥法:浓缩液经高压喷头喷入干燥室,室内空气温度保持在120～156℃,使果胶细雾瞬间干燥,再由螺旋输送器送到包装间,通过60筛筛分后装入塑料袋。

酒精沉淀法:将200千克含总固体7%左右的果胶浓缩液放到凝结器中,加入工业盐3千克,搅拌半分钟,促使果胶凝结,并可溶解一部分盐类,以减少杂质沉淀。随后慢慢加入200千克浓度为90%左右的酒精,边加入边搅拌,每桶1～2分钟开动搅拌器1次,果胶即沉淀析出,然后用压榨机榨取汁液,汁液可供回收酒精用。再将榨碎的果胶加入2倍量的95%酒精中,开动搅拌器,洗涤半小时后取出凝结的果胶送入65～75℃的真空干燥室中,干燥到含水量为8%以下,待后研细通过60目筛筛分后立即包装。

⑥低甲氧基果胶的制取:这种果胶制取方法有碱性法、酸性法、酶化法和氯化法四种。碱化法处理:经真空浓缩的果胶液中果

胶含量达4%时,将果胶液放入不锈钢锅中,加入氢氧化铵,调pH值为10.5,保温15℃,3小时后加入等容积的95%酒精和适量盐酸,使pH值降为5,搅拌后静置1小时。捞出沉淀果胶,压干酒精得到压榨饼。打碎压榨饼,使之悬浮于pH值为5.2的50%酒精中,除去氯化铵。然后马上沥干、压榨、破碎并悬浮在95%酒精1小时,压干后,把碎摊于烘盘上,在65℃真空烘箱中烘干20小时,取出磨细,用100目筛过筛后,用聚乙烯袋包装,即获得低甲氧基果胶成品。

7. 枇杷果汁

(1)工艺流程

原料选择→清洗→配糖液→预煮→打浆→榨汁→配料→均质→空罐消毒→装瓶→密封→杀菌→冷却。

(2)制作要点

1)选料:选取成熟度良好的枇杷果实,成熟度低的枇杷果实,不宜采摘加工,因为枇杷果实是一个没有后熟期的水果。也可以利用加工枇杷罐头剩下的碎料。

2)清洗:用1%的盐水溶液或0.1%的高锰酸钾溶液洗涤枇杷果实,然后在清水中漂洗。

3)配糖液:配制浓度为15%的糖度。105千克糖液可以处理100千克枇杷果实。

4)预煮:把100千克枇杷果实,加入装有105千克配好糖液的夹层锅中,加热至90~95℃,预煮10~15分钟。

5)打浆:待果实软化后,趁热打浆(以孔径为0.5毫米的打浆机为好)。可以反复打浆1~2次。

6)榨汁:可以采用各种榨汁机榨汁。第一次榨汁的果渣加入15%净水,搅拌均匀后再进行第二次压榨,然后将两次压榨的汁液合并。

7)配料:在榨汁中加入白糖,提高枇杷汁的糖度,使其糖度不低于17%。用柠檬酸将枇杷汁的酸度调至0.5%。添加0.01%~0.02%的抗坏血酸,可起到防止枇杷汁变色的作用。

8)均质:一般以13.73~17.65兆帕的压强进行均质。

9)空罐消毒:玻璃瓶先洗净,再放入沸水中煮泡5~10分钟。瓶盖洗净后在沸水中消毒5分钟。

10)装瓶:装瓶时要保证汁液温度不能低于85℃。温度过低枇杷汁应在夹层锅中迅速加热至85℃。

11)密封:趁热装瓶后,迅速密封瓶口。

12)杀菌:趁热在100℃沸水中煮3~10分钟杀菌。

13)冷却:分段冷却至38℃左右入库贮存。

(3)质量要求

枇杷果汁颜色,一般要求呈橙黄色。果汁的风味要求要具有枇杷果汁应有良好风味而没有其他异味。成品的酸甜度要求果汁要酸甜适口,原果汁含量不低于45%,可溶性固形物含量为17%~20%(按折光计测定)。

枇杷果实还可以加工枇杷露、枇杷叶膏、枇杷叶冲剂等多种产品。

附　　录

枇杷周年栽培管理月历要点

1月份(小寒～大寒)

物候期　冬梢抽生　开花结果
　　　　　根系开始活动

农事要点　做好清园　保花保果
　　　　　　防冻防旱

作业内容

1. 冬季清园：将果园的杂草和修剪的病虫枝叶,集中烧毁,结合做好冬季果园防旱,地面灌水,增加空气和土壤湿度,可以防旱保湿。

2. 保花保果：增加授粉机会,提高坐果率,果园放养蜜蜂,人工授粉,防止沤花。根外喷施 20 ppm"九二○"、0.02% 磷酸二氢钾、0.1% 绿芬威 1 号。1 月中旬对枇杷花序和幼果,各喷 1 次 0.8% 的枇杷大果灵。

3. 冬季防冻：用稻草或黑色塑料薄膜进行包扎树干或覆盖树盖。果树因受到辐射低温(白头霜)和平流低温(-2℃以下)会造成冻害影响。特别种植在北缘栽培区或低洼处的枇杷树,最易受冻害。白头霜后的早晨霜水消失之前,在树冠上喷水洗霜,可减轻霜害程度。寒害过后,叶面喷施 0.5% 葡萄糖水溶液或 0.3% 白糖水,对减轻寒冻有良好的作用。

注释：枇杷施肥除了通过土壤外，还可采用根外追肥的方法，因为枇杷枝、叶、果都有程度不同的吸肥能力，把肥料稀释成适当浓度的溶液，喷洒在树冠上，通过枝、叶、果的细胞间隙、细胞膜和叶片气孔吸收。

根外施肥的特点：植株对肥料吸收快，用肥省，见效明显。有些微量元素易被土壤固定，采用根外叶面施肥则效果好。但根外施肥的吸收量不大，故只能作为土壤施肥的补充手段。根外施肥时要注意：①在气温不太高（15～25℃较好）、湿度不太大时喷洒效果好。所以应在湿度不大，阳光较弱的阴天或傍晚进行喷雾，避免雨天和高温干燥时喷用。②幼叶和叶背面吸收力比老叶和叶片正面强，操作时应注意喷洒叶背和幼叶。③选用合适的肥料和浓度。氮肥以精制的尿素为好。浓度为 0.3%～0.5%。对质量差的尿素，喷用后会产生缩二脲中毒，使叶尖干枯。可在尿素溶液中加入石灰或蔗糖，以减轻毒害。磷酸二氢钾 0.2%～0.4%，氯化钾 0.3%～0.4%，过磷酸钙浸出液 1%～3%，硫酸镁 0.3%～0.5%，硼砂 0.05%～0.1%，硫酸锌 0.1%～0.3%。目前推广使用有机营养液，如核苷酸等。④在溶液中加入中性洗衣粉做黏着剂，可以提高吸肥率。⑤根外追肥可以与中性或微酸性农药一起使用，也可与激素一起喷用。

4. 根外追肥的百分比浓度(%)换算：

0.1%＝15 克硼砂或其他兑水 15 千克

0.2%＝30 克硼砂或其他兑水 15 千克

0.3%＝45 克硼砂或其他兑水 15 千克

0.4%＝60 克硼砂或其他兑水 15 千克

喷雾器背筒的装水量为 15 千克，均可以 15 千克为稀释用水单位，仅供参考。

2月份(立春~雨水)

物 候 期　春梢萌动　　开花末期
　　　　　　根系生长高峰
农事要点　保果和促幼果膨大　幼年树
　　　　　　壮梢　果树修剪

作业内容

1. 促果膨大:枇杷保果和促果膨大的措施,应在末花期和幼果期,各喷1次果大多(每包加水50千克)能提高坐果率和果实增大。

2. 施壮果肥:枇杷此期对养分需求量大,如供应不及时,容易引起落果。本月进行两次根外喷施肥液和植物激素。促进幼果膨大,发出新梢。

3. 整形修剪:根据果树的行株距,应采用"小冠主干分层形"修剪方法,使果树中心干明显。树体层性分明,产量高,负荷大。

4. 果树防冻:在此期间如遇下大雪天气,采取人工摇雪,可以减轻幼果冻害损失。

3月份(惊蛰~春分)

物 候 期　春梢抽生　　幼果发育
　　　　　　根系活动
农事要点　根外追肥　　疏果套袋
　　　　　　高接换种　　防治病虫

作业内容

1. 幼果管理:本月中旬用100 ppm 吡效隆(CPPV)浸幼果(只需浸果1次)效果最好。

2. 疏果套袋：在3月中旬对果树上多余的小果、病果和冻害果，全面进行疏除，喷雾1次广谱性杀虫灭病混合药液，然后用专用纸袋套果，大型果一果一袋，小型果一穗一袋，使用套袋措施保护果实。

3. 高接换种：3月份气温开始回升，是一年中最好的高位嫁接时期，可以提高嫁接的成活率。

4. 间作播种：作好绿肥（作物）播种准备，枇杷果园间作绿肥品种应选择浅根矮秆，生长快，覆盖面大，茎叶繁茂，产量高，病虫少，耐旱耐瘠的作物。如印度豇豆、花豇豆等生长期长，可割青2~3次。经济作物品种有花生、大豆等。都是在3月下旬或4月中旬播种。

5. 防治病虫：枇杷癌肿病病菌3月份开始从春季剪枝伤口侵入，应对伤口及时喷药，即用0.5%~0.6%的波尔多液保护伤口。再用50%锌硫磷500倍液或80%敌敌畏500倍液灌注蚁道、蚁巢，防治白蚁。

4月份（清明~谷雨）

物 候 期　春梢大量抽发　幼果膨大
　　　　　　根系停止活动
农事要点　追施春梢肥　继续疏果
　　　　　　定果套袋

作业内容

1. 定果套袋：继续疏果后定果套袋，防紫斑病、吸果夜蛾、鸟类等危害果实，减少太阳暴晒出现日灼果和农药污染果面，使果实着色鲜艳，外表美观，提高商品价值。

2. 叶面喷肥：及时进行根外喷施叶面肥，促进枝、梢旺盛生长，幼果膨大。

3. 施埋绿肥：冬季绿肥收割后进行施埋,增加土壤有机质,继续播种夏季绿肥和经济作物。

4. 治病灭虫：本月上旬喷雾50%敌敌畏乳油1 000倍液、90%敌百虫1 000倍液,杀灭第一代瘤蛾幼虫和蚜虫。保护枇杷春梢嫩芽,用0.5%～0.6%波尔多液(用0.5份生石灰、0.5份硫酸铜、加100份水配制成波尔多液)或50%多菌灵800～1 000倍液,每隔10天喷1次防治枇杷叶斑病危害春梢嫩芽。

5月份(立夏～小满)

物候期　春梢抽发结束　果实成熟采收
　　　　　根系开始生长
农事要点　果实采收　抢施采果肥
　　　　　防病灭虫　夏枝修剪

作业内容

1. 果实成熟采收：此期是枇杷果实充分着色的时候,开始成熟,分期分批采收。做到树上采收,树下处理,剔除裂果、包装贮运。

2. 抢施采果肥料：果实采收后及时进行清园,抢施夏肥,恢复树势,促发夏梢,培育优良结果枝,以利7～8月份花芽分化,是保证下年高产。以速效氮结合有机肥为主,磷肥用量在本次施肥全部用下。

3. 快速夏季修剪：及时删除密生枝,病虫危害枝,改善光照条件,对过高植株回缩中心干,落头开心,回缩部分外移枝,保持果树行间0.8～1米的距离,株间没有过多交叉枝。

4. 及时防治病虫：此期是枇杷叶尖焦枯病的发病高峰,应全树进行叶面喷雾0.4%氯化钙,发病树的根部撒施石灰5千克,防治效果良好。枇杷黄毛虫发生量较大,新梢抽生时和幼虫初孵期,选用20%杀灭菊酯乳油4 000倍液或用40%乐斯本乳油1 500倍液。还应加强对螨类害虫、介壳虫类、梨小食心虫、天牛类以及白蚁等虫害的防治工作。

6月份(芒种～夏至)

物 候 期　　夏梢开始抽发　晚熟枇杷采收
　　　　　　根系停止生长
农事要点　　夏季修剪　果实保鲜
　　　　　　继续抢施采果肥

作业内容

1. 修剪夏枝：全面进行修剪抽发的新夏梢，抹除萌芽，更新复壮，使枝梢分布有序。

2. 果实保鲜：采果后在常温下保鲜，不得超过20天果实会出现皱缩、腐烂。必须采取保鲜措施，减少损失，延长鲜果市场供应期。

3. 继续施肥：果实采收后，要继续集中全力抢施采果肥，加快恢复树势。

7月份(小暑～大暑)

物 候 期　　夏梢抽发　花芽生理分化
　　　　　　病虫易发
农事要点　　病虫防治　刈割绿肥覆盖
　　　　　　消灭地衣、苔藓

作业内容

1. 果园地面撒施石灰：采用树下撒施石灰，树干涂刷石灰水，补充钙元素防治树根颈部病害。

2. 及时用药防治虫害：积极防治枇杷若甲螨、桃蛀暝、木虱、蚜虫、黄毛虫等主要害虫,用乐斯本1 000倍液、阿克泰7 500倍液、敌杀死1 000倍液、三唑锡1 500倍液喷施。介壳虫选用速扑杀1 000清液,黄毛虫用氯氰菊酯1 500倍液或托布津800倍液混合喷雾,保护夏梢。

3. 使用促花技术措施：采取环剥、环割、拉枝、扎枝等技术措施控制水分和养分。在7月中旬喷雾1次15%多效唑500倍液,并结合疏枝除萌等方法促花。

4. 枝干喷药消灭地衣：用松脂合剂喷洒树干树枝上的地衣、苔藓。

5. 刈割套种绿肥覆盖：用收获的绿肥覆盖枇杷树盘,减少蒸发,防旱降热。

8月份(立秋~处暑)

物 候 期　秋梢开始萌发　花芽形态分化
　　　　　　根系开始生长

农事要点　果园抗旱　辅助修剪　施好秋肥

作业内容

1. 花期抗旱：此期正值花穗生长发育,如遇天气干旱,果园应适时灌水。

2. 施好秋肥：扩穴深翻结合秋季施肥,开挖沟、穴深度50~60厘米,宽度40厘米,分层施入秸秆、磷肥,以利引根向下伸展,增加吸收肥水能力。

3. 喷花芽肥：本月上旬喷施1次15%多效唑500倍液或350倍PBD,促进花芽分化。

4. 防治螨虫：8月是螨虫发生高峰,用20%双甲脒(螨克)乳油1 000倍液、20%哒螨灵可湿性粉剂3 000倍液、5%卡死克乳油

1 500倍液、5％霸螨灵悬浮剂2 000倍液、0.3～0.5波美度石硫合剂防治。

5. 继续修剪：枇杷果树通过辅助修剪,将中心干发生的非主枝拉成水平状,促进早花,过密枝在第二、第三年适当疏剪。

9月份(白露～秋分)

物 候 期　秋梢生长期　花芽分化期
　　　　　根系停长期
农事要点　病虫防治　翻埋绿肥
　　　　　追施花前肥

作业内容

1. 追施花前肥：枇杷花前肥的施用量应约占全年施肥总量的20％(或30％),不同树龄施用N、P、K的标准:

1～2年树龄施:N2.5,P1.5,K2.5;
3～4年树龄施:N3.5,P2.0,K3.0;
5～6年树龄施:N5.0,P3.0,K3.5。

在开花前采用配方施肥法和施用有机肥,为枇杷开花结果提供所需营养。

2. 叶面喷施肥：开花前在叶面上喷施0.2％～0.3％尿素或磷酸二氢钾2～3次,补充树体氮、磷、钾的不足,提高细胞液浓度。

3. 防治病虫害：本月是叶斑病迅速蔓延危害期,病菌多从嫩叶的气孔中潜入,应注意在秋梢发枝展叶后的保护,每隔10～15天喷药1～2次可控制病势。

4. 扩穴施绿肥：继续扩穴翻埋夏季绿肥,改善土壤结构,增加土壤有机质,减少土壤水分蒸发。

10月份(寒露~霜降)

物 候 期　秋梢停止生长　进入初始花期
　　　　　根系开始生长
农事要点　中耕除草　翻压绿肥
　　　　　开始疏花穗

作业内容

1. 疏除花穗：本月中下旬为花蕾期,花穗过多的果树,应将部分花穗从基部疏除。疏花通常在花穗抽尽而没有开花时进行,根据花量确定疏留。

2. 中耕除草：果园中耕除草要求人工操作,尽量做到不用或少用除草剂,以免造成土壤板结和理化性质变差以及影响土壤结构。将锄去的杂草覆盖树盘保温保湿。

3. 防治病虫：花穗腐烂病危害枇杷花穗严重,受害花穗变褐呈软腐状(此病不直接危害花果),在花期防治虫害时结合病害防治,使枇杷开花结果顺畅。花穗腐烂病的预防可用甲基托布津800倍液或多菌灵500倍液,每隔7天喷1次。桃蛀螟、梨小食心虫、木虱、若甲螨等虫害危害花及幼果,必须及时用药防治。

4. 清洁果园：将果园内四周杂草铲除干净,修剪的枝条老叶全都集中烧毁,减少越冬病虫基数。

11月份(立冬~小雪)

物 候 期　冬梢抽生　进入盛花期
　　　　　根系停止生长
农事要点　继续疏去花穗　叶面喷肥
　　　　　树干刷白

作业内容

1. 继续疏除花穗：疏去花穗顶部(占整穗的 1/3)和花穗基部 1~2 个支轴及着生的嫩叶，减少花穗养分消耗；选留中部健壮支穗 2~5 个，适当摘除支穗末端的花蕾，使留下的花穗得到更充分的营养，有利于提高坐果率。

2. 根外喷施微肥：枇杷根外叶面喷肥能够提高花芽分化质量。即在前期每隔半个月左右，用 0.1%~0.2% 尿素＋0.2% 磷酸二氢钾＋0.1~0.15 硼酸(或硼砂)。如在第一次保花可喷 15~20 ppm "九二〇"或 0.1% 绿芬威 1 号。

3. 果树主干涂白：在枇杷树干上刷白，可以减少树干受冻裂皮和消灭在树干越冬病菌害虫。

4. 管理好花序：本月上旬对枇杷花序喷施 1 次 0.8% 枇杷大果灵。在花期用 20 ppm 的 GA3＋0.25 磷酸二氢钾＋0.2% 尿素＋0.1% 硼酸(硼砂)，叶面喷施 1~2 次。对提高坐果率的效果很好。

12月份(大雪~冬至)

物 候 期　　冬梢生长　　进入坐果期
　　　　　　根部停止生长
农事要点　　冬季清园　　防寒防旱
　　　　　　叶面喷施营养液

作业内容

1. 全面清理果园落叶杂草：冬季果园进行彻底清园，捣毁和清除病菌害虫越冬场所，减少翌年病虫发生基数。

2. 继续加强坐果前的疏花：枇杷的花期长，全树开花需要 3 个月，一穗开花为半个月至 2 个月。按开花时间可分为三批花：11 月中旬以前的花为头花；11 月下旬~12 月下旬的花为二花；翌年

1月上旬~2月上旬开的花为三花。疏花包括疏花穗、疏花蕾。先疏花穗花蕾,后疏幼果。因此,必须经多次细致且持续的疏花疏果。

3. 用植物激素提高结果率:枇杷单位面积产量普遍较低,其主要原因是由于花多果少。因此,必须改进和提高花果期的管理水平。如在花期遇上阴雨低温天气,应及时喷雾100 ppm萘乙酸或喷雾50~100 ppm赤霉素,提高结果量。

4. 应做好防寒防冻和防旱:本月做好冬季果园熏烟,是枇杷果树寒冬季节较好的防冻措施。在前期和幼果期,根据当地天气预报,如气温下降到0~3℃,在冻前5~7天(12月下旬之际)灌水抗旱保根系。待降温到来的夜间,在果园均匀布设烟堆,每667平方米果园放置5~6堆烟火,能够提高2℃左右的温度。

参 考 文 献

1. 章恢志,彭抒昂等.中国枇杷属种质资源及普通枇杷起源研究.园艺学报,1990(17)2:5-11
2. 邱武陵,章恢志等.中国果树志、龙眼枇杷卷.北京:中国林业出版社,1996
3. 刘玉环等.闽北丘陵红壤园肥力状况研究.福建果树,1997(2)
4. 陆修闽等.枇杷矮化速生高效产业化配套技术体系研究.福建农业科技,1999.2
5. 江国良等.枇杷高产优质栽培技术.北京:金盾出版社,2002
6. 胡正月,主编.大果无核枇杷生产技术.北京:金盾出版社,2005
7. 赖钟雄等.枇杷良种及栽培关键技术.北京:三峡出版社农业科教出版中心,2006
8. 王沛霖.枇杷早结丰产高效益栽培技术.中国南方果树,1996(1)
9. 李道高.枇杷优质丰产栽培新技术.重庆:重庆出版社,1999
10. 盛宝龙等.无核枇杷生产技术研究.中国南方果树,1999(5)
11. 胡安生等.水果保鲜及商品化处理.北京:中国农业出版社,1998
12. 李荣熙.纳溪县枇杷优良株系简介.四川果树,1994(4)
13. 龚洁强等.套袋对提高枇杷果实品质的效应.中国南方果树,2002(2)
14. 钱惠明等.枇杷容器育苗技术.中国南方果树,1999(4)
15. 龙德平等.日本枇杷低冠整形栽培法.四川果树,1994(1)
16. 黄金松.台湾的枇杷生产情况.福建果树,1982(3)
17. 龚洁强等.枇杷大面积丰产稳产的栽培技术.中国果树,1992(1)
18. 邱家洪.GA多次处理枇杷防止裂果试验.江西园艺,2000(5)
19. 蒋世高.云南榅桲嫁接枇杷的矮化效应.中国南方果树,1998(1)
20. 周永年,余国清.枇杷栽培技术.成都市龙家果树研究所编印,1992(5)
21. 刘山蓓等.略论江西枇杷发展对策.江西果树,1998(5)
22. 胡波等.枇杷果实发育规律及各生产指标的相关性分析.中国南方果树,1995.4

23. 王沛霖．枇杷栽培与加工．北京：中国农业出版社，1989
24. 林顺权．日本的枇杷生产与科研．中国南方果树，1989(5)
25. 张谷雄等．CPPU 和 CA 花后处理对枇杷果实性状的影响．中国南方果树，1998.1
26. 罗来水，刘勇等．名特优良种栽培技术．南昌：江西科学技术出版社，1994
27. 胡平正，杨邦伦等．高新林果品种汇编．重庆市正邦现代农业公司，2002－2003
28. 陈义挺，赖钟雄等．无公害高优早熟枇杷基地建立及配套技术．中国南方果树，2006(1)

图书在版编目(CIP)数据

优质枇杷栽培新技术 / 张元二编著. —北京：科学技术文献出版社，2009.2（2025.2 重印）

ISBN 978-7-5023-6244-7

Ⅰ.①优… Ⅱ.①张… Ⅲ.①枇杷—果树园艺 Ⅳ.① S667.3

中国版本图书馆 CIP 数据核字（2008）第 207166 号

优质枇杷栽培新技术

策划编辑：丁坤善　责任编辑：丁坤善　责任校对：唐　炜　责任出版：张志平

出　版　者	科学技术文献出版社
地　　　址	北京市复兴路15号　邮编100038
编　务　部	（010）58882938，58882087（传真）
发　行　部	（010）58882868，58882870（传真）
邮　购　部	（010）58882873
官方网址	www.stdp.com.cn
发　行　者	科学技术文献出版社发行　全国各地新华书店经销
印　刷　者	北京虎彩文化传播有限公司
版　　　次	2009 年 2 月第 1 版　2025 年 2 月第 4 次印刷
开　　　本	850×1168　1/32
字　　　数	175千
印　　　张	7.25
书　　　号	ISBN 978-7-5023-6244-7
定　　　价	12.00元

版权所有　违法必究

购买本社图书，凡字迹不清、缺页、倒页、脱页者，本社发行部负责调换